U0213487

深圳市规划和自然资源局自然教育工作领导小组办公室 编

中国旅游出版社

策划出品：杭州紫金港文化传播有限公司
特约编辑：赵群伟　冯　雯
责任编辑：李冉冉
责任印制：冯冬青
装帧设计：石　儿

图书在版编目（CIP）数据
自然深圳足迹．1 / 深圳市规划和自然资源局自然教育工作领导小组办公室编．-- 北京：中国旅游出版社，2023.11
ISBN 978-7-5032-7223-3

Ⅰ．①自… Ⅱ．①深… Ⅲ．①区域生态环境－研究－深圳 Ⅳ．① X321.265.3

中国国家版本馆 CIP 数据核字 (2023) 第 197724 号

书　　名：自然深圳足迹．1

作　　者：深圳市规划和自然资源局自然教育工作领导小组办公室编
出版发行：中国旅游出版社
（北京静安东里 6 号　邮编：100028）
https://www.cttp.net.cn　E-mail:cttp@mct.gov.cn
营销中心电话：010-57377103，010-57377106
读者服务部电话：010-57377107
排　　版：壹品设计
印　　刷：杭州佳园彩色印刷有限公司
版　　次：2023 年 11 月第 1 版　2023 年 11 月第 1 次印刷
开　　本：787 毫米 ×1092 毫米　1/16
印　　张：18.25
字　　数：250 千字
定　　价：158.00 元
I S B N　978-7-5032-7223-3

版权所有　翻印必究
如发现质量问题，请直接与营销中心联系调换

卷首语（序）

本书依据《自然深圳》内刊总第 8 期到第 11 期内容重新规划定编。本合订本围绕“山、海、园、林”四个板块来划定内容分布，编辑记录了《自然深圳》耗时一年，横跨大鹏半岛、坪山、光明和红树林自然保护区，采撷丰富自然生态风貌的历程。一本书是写不尽深圳的“山、海、园、林”的，本书仅仅撷取所涉区域的丰富自然生态特征，管中窥豹深圳为保护生态环境多样性做出的种种不懈努力。

山，坪山以山色闻名，瀑布河流萦绕，多样性的动植物遍布，绿道横卧其间，山河日月与自然探秘同行；海，大鹏半岛是深圳海畔的博物明珠，掩藏深圳海域千万年来的自然积淀；园，光明，是深圳田园生活的写照，人与自然和谐相处，公园花海与生活休闲交相辉映；林，从深圳红树林湿地保护的历程与现实中，窥见深圳大力投入湿地保护，还红树林一片栖息地的生态实践，更看到红树林反哺深圳环境的和谐画卷。深圳天赐的山海天然造化，与园林绿道、自然教育等人为的保护相辅相成，终究共同编织成深圳山海园林绿色发展的生态奇观。我们也应更为珍惜这些永久伴随深圳的自然宝藏。

目录

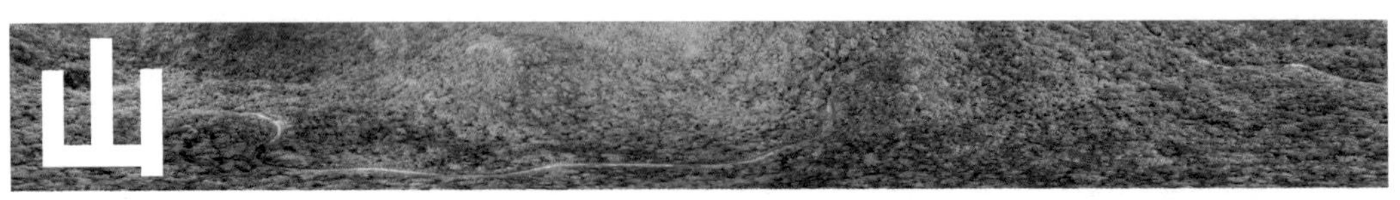

山

海

园

林

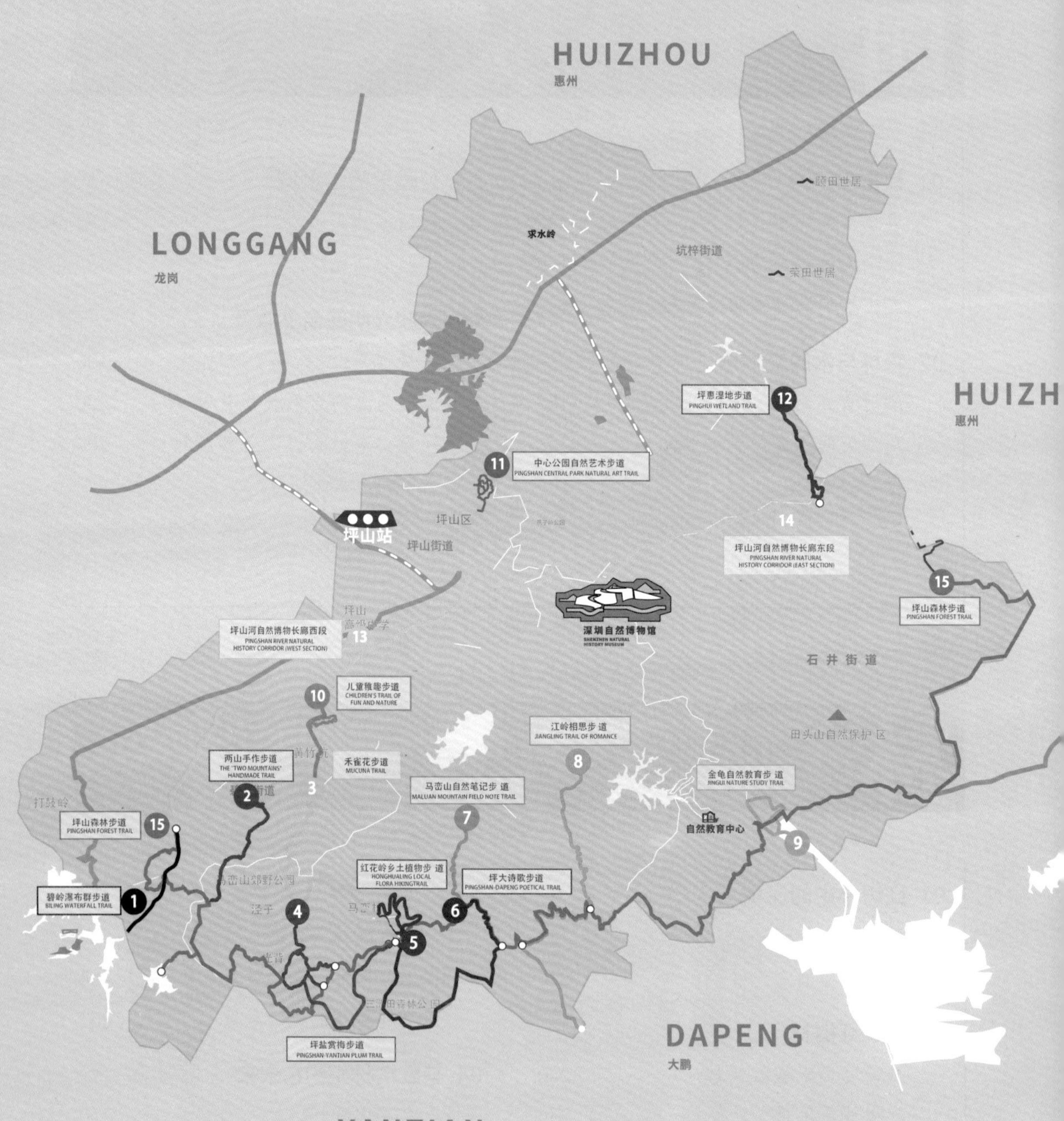
HUIZHOU
惠州
LONGGANG
龙岗
求水岭
坑梓街道
坪惠湿地步道
PINGHUI WETLAND TRAIL
12
惠州
中心公园自然艺术步道
PINGSHAN CENTRAL PARK NATURAL ART TRAIL
11
坪山站
坪山区
坪山街道
14
坪山河自然博物长廊东段
PINGSHAN RIVER NATURAL
HISTORY CORRIDOR (EAST SECTION)
15
坪山森林步道
PINGSHAN FOREST TRAIL
深圳自然博物馆
SHENZHEN NATURAL
HISTORY MUSEUM
坪山河自然博物长廊西段
PINGSHAN RIVER NATURAL
HISTORY CORRIDOR (WEST SECTION)
13
石 井 街 道
10
儿童稚趣步道
CHILDREN'S TRAIL OF
FUN AND NATURE
田头山自然保护 区
江岭相思步 道
JIANGLING TRAIL OF ROMANCE
8
两山手作步道
THE "TWO MOUNTAINS"
HANDMADE TRAIL
禾雀花步道
MUCUNA TRAIL
3
马峦山自然笔记步 道
MALUAN MOUNTAIN FIELD NOTE TRAIL
金龟自然教育步 道
JINGUI NATURE STUDY TRAIL
2
打鼓岭
坪山森林步道
PINGSHAN FOREST TRAIL
15
7
自然教育中心
9
红花岭乡土植物步 道
HONGHUALING LOCAL
FLORA HIKINGTRAIL
坪大诗歌步道
PINGSHAN-DAPENG POETICAL TRAIL
碧岭瀑布群步道
BILING WATERFALL TRAIL
1
泾子
4
6
5
坪盐赏梅步道
PINGSHAN-YANTIAN PLUM TRAIL
DAPENG
大鹏
YANTIAN
盐田

山

坪山多山，西部为低山丘陵，南部为连片山地，区域内知名的山体有田心山、小西天、马峦山等。从山景到野生动植物，再到瀑布河流都离不开大山，山成为坪山一张自然名片。

近年来，坪山着力打造公园城区，在充分挖掘坪山自然环境资源、人文历史资源的基础上，因地制宜打造符合坪山气质的特色绿道，实现人工与自然生态互惠共生。

目前，坪山绿道网沿用已有交通路网，规划建设了包括沿河景观绿道、森林公园风光绿道、古村落风貌绿道、城市中心公园绿道等在内的多系统，放松、畅快地在自然中悠然行走，与自然相拥、乐享坪山慢生活。坪山如今已经成为户外行走最丰富、最有内涵的去处之一，步步是景、处处有故事。坪山专栏将带你在坪山慢慢行走，也许你会发现，慢下来也不错。

坪山全域自然博物步道地图

WALKING PINGSHAN TRAIL MAP

WALKING PINGSHAN TRAIL

1 碧岭瀑布群步道
2 两山手作步道
3 禾雀花步道
4 坪盐赏梅步道
5 红花岭乡土植物步道
6 坪大诗歌步道
7 马峦山自然笔记步道
8 江岭相思步道
9 金龟自然教育步道
10 儿童稚趣步道
11 中心公园艺术步道
12 坪惠湿地步道
13 坪山自然博物长廊西段
14 坪山自然博物长廊东段
15 坪山森林步道

深圳自然博物馆
自然教育中心
公园
古迹
古树
步道线路串联

01
山里慢慢走

如诗山景伴你行

坪山区森林覆盖率达 44.68%，拥有 74.62 平方千米的森林面积。若想穿行半日至一天，有盘踞 28 平方千米的马峦山可供人在绿意中把卡路里燃烧个痛快；如只是想舒展坐久了的身体，燕子岭公园和大山陂公园能够满足一趟轻快健走的需求；田头山则为坪山的动物居民留下一片安居之所，也为坪山人呵护着触摸野性自然的乐土。

在坪山全域自然博物 15 条步道中，坪大诗歌步道、坪山森林步道是最具山林特色的：一条线路平缓、可观山海风光、沿途有诗歌相伴；一条连接马峦山、田头山两大山脉，可感受深圳户外徒步的极致体验。禾雀花步道和坪盐赏梅步道则能将你引入山中花海，当然，花开有时，记得详细阅读本章“上山赏花趣！”部分，注意对应花期前往噢！

森林中有哪些居民？跟着田头山市级自然保护区的护林员大哥，一起对共居深圳的自然邻居多一些了解，体验护林员与山相伴的生活。

这些居民中，有些才刚刚被我们认识，比如两大在坪山山林中发现的物种——坪山拱背蛛和深圳秋海棠。这些与人类相伴数年，之前却从未被知晓姓名的动植物，是大山中最深的秘密。

坪山的宝藏山林众多，慢慢走，才能体会其中的诗意和大自然的瑰丽。山林步道则既有短途又有具备挑战性的长距离，无论想要轻松休闲还是深度探索都能找到心仪的一条线路。

由小朋友写的诗装点了步道

蔡漫 摄

晚霞下的诗歌装置
廖娜娜 摄

俯瞰诗歌步道

坪大诗歌步道

坪大诗歌步道是马峦山上一条充满浪漫气息的步道，从红花岭水库出发，行至溪涌坳路口，沿着山路返回庚子首义或者沿着小径继续走去洞背体验海边民宿。

7 千米的步道难度适中，可以悠然行走。步道部分采用生态友好的手作工法，路面类型丰富，有鸟唱蝉鸣的林间小路，也有便于骑行的追风小径。以诗歌为名，步道两边展示了由深圳本土诗人和孩子们创作的自然诗歌，边走边读诗，在山海风光中体会诗歌的美好，为其中的温柔和巧思赞叹！

扫码
欣赏坪大诗歌步道 Vlog

开放时间：08:00—18:00

步道地址：坪山区马峦街道马峦社区马峦山

步道长度：7 千米，含下撤总步行距离约 13 千米

体力需求：★★★★

公共交通：马峦山园区总站

自驾导航：马峦山郊野公园北门

（停车需在 i 深圳 App 上预约）

俯瞰森林步道
彭欣 摄

坪山森林步道

全程 40 千米的环形步道，连接马峦山和田头山，途经传说中的驴友考试线——三水线，路途中可以体验溯溪的爽快、感受瀑布的磅礴，还有动植物一路相伴，可以从沿途的博物解说牌上了解坪山森林的秘密。

行走在坪山森林步道上，能够看到南亚热带常绿阔叶林、山脊灌草丛、溪流瀑布、沼泽湿地等多种不同的生境；有机会偶遇黑桫椤、唐鱼、虎纹蛙、蛇雕、豹猫等极具坪山特色的珍稀动植物。

这条步道对体力要求较高，建议备好饮用水，穿着专业登山鞋、佩戴护膝并结伴而行。当然，无限风光在险峰，疲惫之后收获的美景也会让人满足。

林中清澈见底的溪水倒映出两岸斑斓的植物
蔡漫 摄

扫码
欣赏坪山森林步道 Vlog

开放时间：08:00—18:00
步道地址：坪山区马峦街道马峦社区马峦山
步道长度：40 千米
体力需求：★★★★★
公共交通：马峦山公园站
自驾导航：马峦山郊野公园北门
（停车需在 i 深圳 App 上预约）

禾雀花步道途经湛蓝的上下肚水库

禾雀花步道

禾雀花步道是坪山区野生禾雀花数量最多、分布最密集的区域，位于马峦山径子村口，沿途共有 10 处禾雀花观赏点。步道配套解说牌会向你介绍禾雀花的方方面面，走完禾雀花步道也就了解了禾雀花的生活方式、亲朋好友，以及与禾雀花一起生活在此处的动植物们。每年 2 月至 4 月是禾雀花盛开的季节，届时花朵会成串挂在粗壮的老茎上，像是群鸟围绕着树藤；5 月至 11 月，则能看到奇趣的果荚悬挂空中、蓄势待发，等待成熟后的迸发。

禾雀花指的是哪种植物开的花，还请往后仔细阅读吧！

扫码
观赏禾雀花步道 Vlog

开放时间：08:00—18:00

步道地址：坪山区马峦街道马峦社区马峦山径子村口

步道长度：6.5 千米

体力需求：★★★

公共交通：黄竹坑站 / 新城东方韵园南门

自驾导航：马峦山郊野公园黄竹坑入口

（停车需在 i 深圳 App 上预约）

马峦山梅亭
张彤 摄

坪盐赏梅步道

坪盐赏梅步道是当之无愧的深圳最佳赏梅线路，位于坪山与盐田交界处，途经占地千亩的梅园和能够眺望梅景的古典梅亭。

赏梅不用冒着凛冽寒风。梅花开放在晚冬初春，正是深圳阳光和煦、天气舒爽之际，尤其是春节前后，约亲朋好友上马峦山踏春寻梅，岂不是充满野趣的美事一桩。

扫码
线上观赏坪盐赏梅步道 Vlog

开放时间：08:00—18:00
步道地址：坪山区马峦街道马峦社区马峦山
步道长度：9 千米
体力需求：★★★
公共交通：马峦山园区总站
自驾导航：马峦山梅亭
（停车需在 i 深圳 App 上预约）

从花串底部观察白花油麻藤

上山赏花趣！

山上的山花儿开呀，我才到山上来。原来嘛你也是上山，看那山花儿开。♪

——《踏浪》

层峦叠嶂的山峰塑造了坪山的山水地貌，也孕育了丰富的生物多样性，其中就有姹紫嫣红的开花植物。不同的开花植物有各自适宜的海拔、温度和湿度，大山像一栋立体公寓让它们挑选喜欢的房间入住。喜阳的开在南坡、怕热的喜欢顶峰、喜水的与溪流相依……

山，也因为花香蝶舞而变得灵动。

即使是在四季温暖的深圳，山花也有它的时间表，上山，让花开花落提醒深圳人物候与季节。朋友们，和我们一起，在坪山上山寻花吧！

花似鸟灵动
——白花油麻藤

马峦山四季有花，浓妆淡抹各有韵味，选美不易。但若要选出“最可爱的花”，相信很多人会把票投给白花油麻藤。

白花油麻藤是深圳一种土生土长的爬藤植物。花季，饱满的花儿二三十朵紧紧地挨在一起成串悬挂在藤蔓上，温馨活泼仿佛排排站的小雀鸟。细看每一朵也在充分模仿着小鸟：花托似雀头，正中的花瓣弯弓似雀背，两侧的花瓣卷拢似雀翼，底部花瓣后伸如雀尾。于是，人们把这种像鸟儿一样的花儿，称为“禾雀花”。禾雀花起初专指嫩黄似鸟的白花油麻藤，不过油麻藤属还有一些种类也有类似像鸟的形态，也可以算是禾雀花的一员。

清代秀才陆宗宣曾赋诗歌咏禾雀花：是花是鸟总怡情，植物偏加动物名。异日群芳重作谱，新翻花样到天成。花朵成串挂在遒劲的藤蔓上，像一群活泼的小鸟；花朵枯萎后结出豆荚状的果实，到秋冬季节成熟干燥裂开；种子从果荚里弹出，在附近落地发芽或者跟着雨水去到远方。新的“禾雀”又将在大山里跳跃。

白花油麻藤花朵酷似雀鸟

土生土长又生机勃勃的禾雀花代表着坪山山野之美，受到了坪山人的喜爱。坪山自然博物图书奖以它为名举办“禾雀花自然博物好书共读”系列活动，以推广自然博物好书，营造关注、爱护、体验自然的社会氛围，培养人们的阅读习惯。

成串的白花油麻藤让山林欢快起来

白花油麻藤

Mucuna birdwoodiana

豆科 / 油麻藤属　　花期：2—4 月

倒过来看
像树枝上站着一排雀

白花油麻藤的果荚

港油麻藤的果荚

你知道油麻藤名字的由来吗?

禾雀花（油麻藤属）的茎皮坚韧，可以像麻一样用来编织草袋和造纸，种子富含油脂，又是攀缘性很强的藤本植物，因此就以“油麻藤”命名了。

禾雀花都是开白花吗?

油麻藤属的植物全世界超过 100 种，其中形态似鸟可称为“禾雀花”的也有不少，从白色到大红色应有尽有，甚至还有绿松石色的奇特“亲戚”，宛若鸟类的羽色一样丰富。在深圳，除了常见的开淡雅白绿色花的白花油麻藤，还能见到开紫花的大果油麻藤、港油麻藤等。

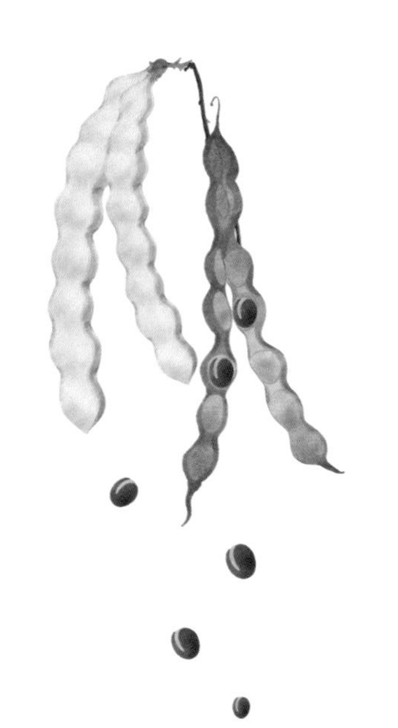

禾雀花好闻吗?

呃……禾雀花长得可爱，但气味可能并不是那么宜人。这要从禾雀花的传粉方式说起，它们采取“爆炸式传粉”的方式提高传粉效率：先把花蕊藏起来，分泌花蜜吸引哺乳动物前来——为了取食花蜜动物会用前掌按住“翼瓣”，这时旗瓣会跟着抬起，花蕊便从龙骨瓣中弹出，瞬间将花粉撒到动物身上。在深圳，这个引发“爆炸”的动物通常是果子狸，它有灵巧的前掌和细长的吻能探进花朵深处吃到花蜜。等禾雀花的机关被打开后，蝙蝠也会前来分一杯羹，当然也能帮忙把花粉带到更远的地方。因为不需要吸引传粉昆虫，禾雀花自然也不需要释放香甜的气味。

碧岭的金樱子花
南兆旭 摄

枝头寻雪
——荷包蛋配色的三种山花

人们形容花开烂漫，常说“姹紫嫣红”。在南方茂密的森林里，有些植物却另辟蹊径，用洁白的花瓣反衬嫩黄的花蕊，吸引昆虫来觅食传粉。

金樱子、木荷和大头茶三种植物花朵开得较大，黄白配色好像一个个大荷包蛋挂在枝头，远远望去又像山上下了雪，朵朵点点撒在树冠。

单看花朵，三种“荷包蛋”长得颇为相似，好在它们彼此花期错开，不太容易同时看到。而且金樱子是攀缘灌木，木荷则是高大乔木，大头茶有高有矮常生在路旁十分亲切。

除了花朵看起来赏心悦目，三种植物还各有用途。金樱子的果实剥开带刺的外壳据说味道甜美，一些地区因此称之为“糖罐”“糖盎子”。果实还可入药，客家人习惯将果实泡酒饮用。木荷则有“防火先锋”之称，它的树干含水量大不易燃烧，常被大规模栽种形成防火林。大头茶天生天养、耐贫瘠，在边坡地带尽职尽责地涵养水源、减少水土流失。

从春到秋，这些洁白的花儿点缀着坪山山林，为南国带来些许山林瑞雪。

金樱子	
Rosalaevigata	
蔷薇科 / 蔷薇属	花期：4—5 月

木荷

Schimasuperba

山茶科 / 木荷属　花期：6—8 月

大头茶
李普曼 摄

大头茶

Gordoniaaxillaris

山茶科 / 大头茶属　　花期：10 月—翌年 1 月

大头茶
李普曼 摄

大头茶
李普曼 摄

大头茶汇集成的树林
远看如落雪

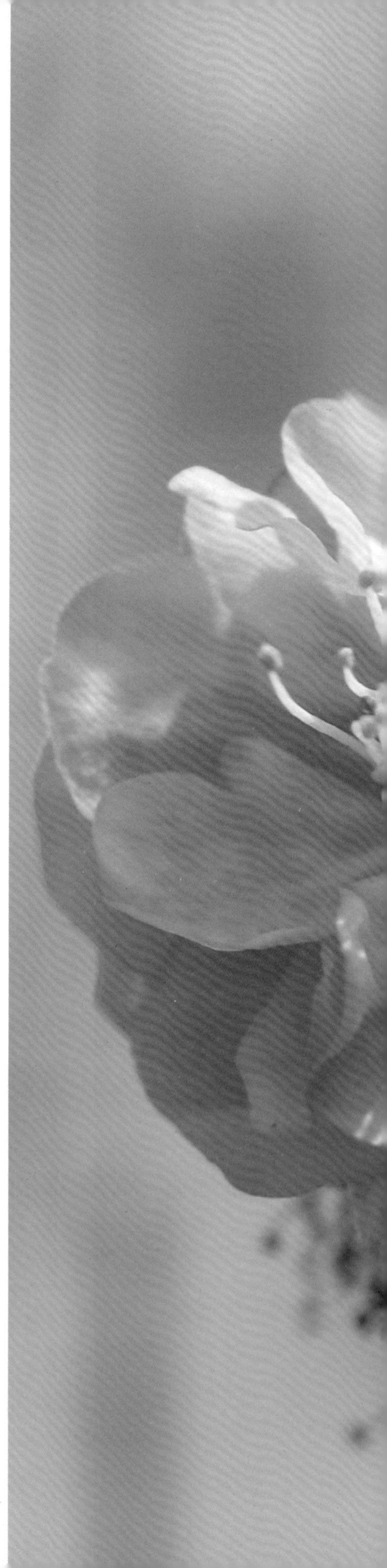

访南国之冬

在冬天也能穿短袖的深圳赏梅，听起来有些怪异，但马峦山上还真的有一处能够满足深圳人冬日访梅愿望的地方。

想到梅花，人们的脑海中大都是凌寒傲雪的画面。其实梅在我国的天然分布是长江流域、西南地区、华南地区和台湾省，喜欢阳光充足、雨量充沛的环境，又怕涝怕积水，因而尤其适宜在南方有一定海拔的丘陵地带生长。著名的梅产区有江浙一带、广东普宁、云南大理等，都非严寒的北国，梅花常与寒冷联系在一起大概是由于梅需要在低温中孕育花芽，花期常在晚冬早春时节。

马峦山梅园就为梅花落户提供了好地方，明媚阳光自不用说，大片开阔的干爽山坡让梅得风得雨，冬季遇上深圳温和湿润的冷空气，便更能将整年积累的养分化作满枝繁花。

梅园之上还有梅亭。层层阶梯将梅亭立于梅园制高点，拾级而上可将梅园风光一览无遗。梅花绽放之时，满山粉白、一片烂漫。不登梅亭，从梅花处眺望梅亭，又是一番古韵之美。

梅	
Prunus mume	
蔷薇科 / 杏属	花期：12 月—翌年 1 月

坪盐赏梅步道总指引牌
蔡漫摄

宫粉梅 马峦山梅亭
陈冰心 摄

梅花是诗歌中的常客
吕牧华摄

赏梅步道上设有古诗装置
吕牧华摄

青梅 马峦山梅亭
陈冰心 摄

梅园果梅绽放
张彤摄

九节

林区的“安全感”
——探访身边的自然保护区

根据《中华人民共和国自然保护区条例》的定义，自然保护区指“对有代表性的自然生态系统、珍稀濒危野生动植物物种的天然集中分布区、有特殊意义的自然遗迹等保护对象所在的陆地、陆地水体或者海域，依法划出一定面积予以特殊保护和管理的区域”。

我国已建立超过 2750 个各级自然保护区，这些保护区并不都在人烟稀少的高原或是遮天蔽日的原始森林之中，还有一些紧邻着繁华都市，在人类忙碌的生活附近保持着大自然的狂野与悠然，提醒着人们：别离自然太远。

深圳目前共有四个自然保护区，分别是广东内伶仃福田国家级自然保护区、大鹏半岛市级自然保护区、田头山市级自然保护区和铁岗—石岩湿地市级自然保护区。其中田头山市级自然保护区就在坪山马峦山系之中，环抱着客家古村，守望着不远处的车水马龙。

这个离都市如此之近的保护区都有什么？保护区的工作人员担负着哪些责任？为了给大家揭开保护区神秘的面纱，编辑部拜访了保护区最资深的护林员——徐卫东（下文称徐工），跟这位已经走过几千次田头山山路的陕西汉子一起深入田头山的密林……

草珊瑚

高科技巡山

秋风吹走了深圳的闷热，阳光温暖而爽朗。编辑部一大早来到田头山市级自然保护区管理所拜访。管理所是一栋低调的民宅，坐落在宁静的金龟村，门口有着一人环抱不过来的芒果树、黄皮树，充满着生活气息。

对保护区进行简短的介绍后，徐工示意我们上车，这是一辆森林消防退役的厢式运输车，因此还留着鲜红的涂装，年纪不小但动力十足。一路上遇到几位巡护员，徐工和他们熟络地打着招呼。保护区总面积达 2000 万平方米，每天的日常巡护就需要大量的人员坚守。车开了一会儿便停在了一条土路边，再往前便是林间小路，只能步行。

徐工今天穿着户外速干衬衫，一身在山里比较耐脏的深色衣服，手上挎个白得发光的帆布袋。

蔓九节
护林员的宝袋开箱
徐卫东走在被芒萁遮蔽掉的山路中

“您这袋子里装的是什么呀？”我们忍不住发问。

“我们巡山都要带上这个，喏。”徐工从袋子里掏出一个像老式厚重触屏手机的仪器说：“山里面弯弯绕绕很多地方没有路，你看这个巡护系统，有 GPS 定位，用咱们国家自己开发的北斗系统，遇到什么情况按一下‘求助’，其他人就能定位到我这里。就跟警察得看管好枪一样，我们护林员可不能丢了这个。”

科技为每天的巡护提供着安全保障，也能及时将异常情况上报。“这个季节雨水少了路算比较好走，最担心的就是防火，要是连着不下雨（森林火险），红色预警了我们就得加强巡护。”

好在，深圳市民野外防火的意识越来越强，徐工表示近年几乎没有火情发生。

苏铁蕨

夜幕下的救援

防火让护林员们操心，救人更让他们揪心。

从笔架山三杆笔到田心山水祖坑的线路被称为“三水线”，路途长、难度大、遮阴少，被称为深圳“最虐”的徒步线路，也有“驴友考试线”之说，即新手走过三水线才算成为“驴友”。不少徒步爱好者慕考试线之名前往，想要体验艰苦过后的好风光，也证明自己。但徒步爱好者们的身体素质和户外经验参差不齐，走错路或者体力不支时有发生。

而“三水线”正是擦着田头山市级保护区的边界，一旦脱离主线进入密林，没有经验的人很容易慌张迷路。有时，人不在田头山范围内也会向保护区求助。

一次，时间已经晚上八点多，求救电话打到了徐工那里。“导游”带着一行 50 多人徒步迷路，天黑后不敢再走被困在山里，又说不清所在的具体位置。徐工和上百位巡护员连夜搜索，直至第二天凌晨才在惠州界内找到了被困人员。尽管大家都已疲惫不堪，但人员获救总算长舒一口气。

徐工说这样的事一年四季都可能发生，紧急情况来了，多晚都得冲进山里救人。只能多多希望徒步爱好者们理性登山，为了自己的生命安全理性评估自身能力和天气状态，计算好下山撤退时间。

山里的故事他最了解

徐工与田头山的故事可以说上一天一夜。2013 年保护区建立伊始，徐工就在田头山做护林员了，算起来已经快十年光景。做护林员每天辛苦奔波，肩上还扛着沉甸甸的责任，乐趣又是什么呢？

“当然是能每天看着青山绿水和各种野生动植物啦。”徐工指向路边与芒萁混在一起的国家二级保护植物苏铁蕨：“这边是一片，秋天有点儿掉叶子了，上面还有一大片……桫椤得再往里面走。”崎岖的山间小路通往哪一片植物，徐工心里自有一张地图。

每天的巡护与野生动物相遇也是常事。“有次一转弯看到三头野猪，我吓一跳，它们也吓一跳，躲树后面愣住了。那么大的野猪距离三米看着还是挺震撼的……我急中生智咳了一下，野猪就反应过来跑掉了。”

我们不由得感慨，山林里的工作还是挺危险的。徐工却摆摆手：“人不招惹野生动物，通常动物也不会招惹人的。”要说更惊险的经历，徐工曾经与一条一米多长的过山风（即眼镜王蛇，因行动速度快、凶猛得名过山风）近距离偶遇，对视之后人走开蛇也安然居于原处。

徐工轻松地说道：“这些兽啊蛇啊才是山里的居民，我的工作就是来给它们服务的，看到了挺开心的，互相尊重打个招呼就各走各的嘛。动物越多，说明我们的工作做得越好。”

野生动物在田头山保护区的红外相机眼中更加从容：豹猫在红外相机中留下优雅的一瞥；野猪一家则顾不上什么形象地埋头翻找食物；鼬獾长着小巧一些的“猪鼻子”，边走边拱着泥土；果子狸寻觅着香甜的果实……

比起那些拥有大熊猫、东北虎之类大型珍稀“明星动物”的森林，深圳的自然保护区显然没有那么耀眼，甚至常常被都市的光芒掩盖而被忽略。但自然保护区又何止是一片单纯保护物种的区域呢？在保护区里行走了一圈下来，我们惊讶于它能够在与繁华如此紧邻的距离，保存下完整的、少有干扰的生态系统，仿佛是城市文明的“老家”，给深圳人忙碌、疲惫的心灵一个退路。

田头山茂密的森林

眼镜王蛇
张韬 摄

野生动物大侦探

跟着护林员领略了田头山的精彩，再提到坪山，除了比亚迪、中芯国际、生物医药等高科技企业和产业，是否也会想到那半城山林里的野生动物？

对于普通人来说，想见一眼那些野生动物确实并不容易，大多数野生动物相当羞涩，有些还是夜猫子，即使是资深驴友也可能会说："我经常爬山也没见过什么动物呀！"

毕竟动物们并不想被人类打扰，想要欣赏美丽的野生动物，要先了解它们的习性，用尊重的态度静静等待和观察。了解之后你会发现野生动物离我们并不遥远，而且它们也同样需要深圳这片美丽的家园。

入门级：留心处处皆野趣

从易到难，我们先去拜访那些容易发现的小动物。

比如，深圳最容易见到的蜥蜴——变色树蜥。

即使是有些寒意的秋冬，寻觅山林中那些阳光照耀到的枝头和石块，或许就能见到这种身披"盔甲"的小蜥蜴正在晒太阳获取热量。

变色树蜥属于中小型蜥蜴，成体算上长长的尾巴大概 30~40 厘米。从头背到尾部都有棘耸立，体表则像瓦片一样覆盖着

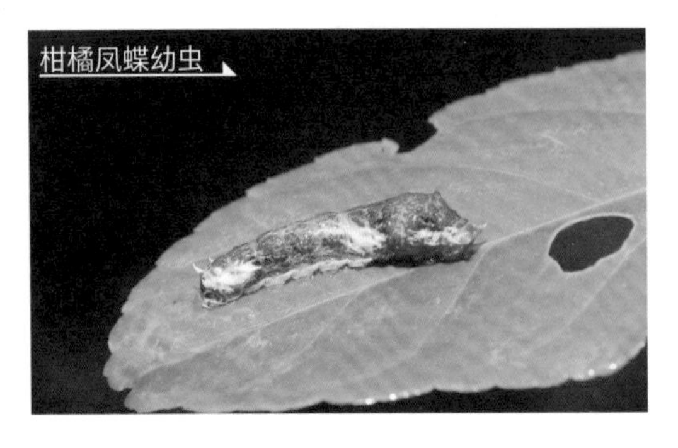
柑橘凤蝶幼虫

天蓝土蜂

变色树蜥

有棱的鳞片，一副不好惹的样子。但其实它们不会主动攻击人，牙齿也很细小，食谱里大多是小昆虫，对人无害。大多数时候变色树蜥体色灰暗与土壤岩石或树皮融为一体，春夏则会发现有些从头红到脖子，像喝了酒一样。这是发情的公树蜥，正在用鲜艳的颜色夸耀自己的优秀。

对变色树蜥的食物——那些小昆虫也可以来体验寻找野生动物的乐趣。昆虫没有那么惧怕人类，合适的季节找到它们喜欢的食物就多半能找到它们。

比如，花朵上会有采蜜的蜂、蝶，它们喜欢不同种类的花蜜，还有不少昆虫妈妈会挑选特定的植物来产下后代。

野生动物在身边？扫码观赏坪山的“郊野秀场”

进阶级：除了眼力还需要一些道具

谁不喜欢观察那些毛茸茸的鸟兽呢，比起兽，鸟的种类多、分布广，容易遇到得多。但要在山林里找到鸟儿，超强的眼力和望远镜总得有一个。

很多林鸟喜欢在密林间活动，方便寻觅躲藏的虫子，也不易被捕食者发现。但这可难为人类了，仰了半天头脖子都酸了可能也没发现叫声的来源。望远镜能帮助我们把远处的景物带到眼前，只要稍加练习，就会发现找到鸟儿容易多了！

在花开和结果的季节，留意那些富含花蜜的花朵或者可口的果实则是另一种捷径。花朵如虾子花、樱花、木棉等，就很吸引朱背啄花鸟、太阳鸟和绣眼鸟等聚集取食。阴香、榕属植物、木瓜、秋枫等植物果实成熟的时候可是鸟儿的美食大餐桌。

暗绿绣眼鸟对番木瓜果实大快朵颐

高山榕的果实吸引了八哥

豹猫
曲赟 摄

高阶版：寻兽从蛛丝马迹开始！

寻兽不易，但我们可以留心蛛丝马迹来寻找哺乳动物们留下的痕迹。

蝙蝠会飞也需要落脚处。在深圳，常见的犬蝠藏身之处很有特点：观察那些看起来“不太精神”的蒲葵叶子，或许就是犬蝠将它们的叶子主叶脉咬断了，从而形成一个下垂的“帐篷”，以便安然地倒挂在其中休息。

走兽就更羞涩了，尽管深圳豹猫、野猪、果子狸等动物分布广数量可观，亲眼见过的人也并不多。但野生动物不仅有“随地大小便”的习惯，还总爱拉在显眼的路上刷存在感。在田头山保护区这样的山林里走一圈，就能发现大大小小不同形态和内容物的粪便。

豹猫之类的食肉动物，无肉不欢，它们没有人类灵巧的双手拔毛烹饪，免不了把猎物的肉连皮毛狼吞虎咽，结果就会体现在粪便里大量的动物毛发上。

果子狸、鼬獾这样的杂食动物，吃蚯蚓、昆虫打打牙祭，也吃大量的植物果实，果实中不能消化的种子就会留存在粪便里排出来。猫屎咖啡就是利用灵猫科动物粪便里留有咖啡豆的原理，这也是植物传播

这堆路上的粪便含有大量动物毛发
可能是豹猫留下的

种子的途径之一。

发现了动物的粪便，就能知道某种动物曾经经过。这时候野生动物保护人员就要靠他们的法宝——红外触发相机了！

野外调查通常使用被动式红外触发相机，原理是它的红外传感器能够探测前扇形区域内热量、红外能量的突然变化。当温血动物从装置前方经过时，动物体温与环境温度造成的温差引起相机周围热量的变化，这种温度（热量）的变化由红外传感器接收后，产生一个脉冲信号，从而触发相机拍摄。

把红外触发相机安装在动物可能经过的位置，就可以在人不在场的情况下悄悄拍下动物的身影。

犬蝠藏身于蒲葵巨大的叶子下面

野外调查人员在坪山山林里安装的红外相机

田头山红外触发相机下的鼬獾

田头山红外触发相机下的果子狸

疑似野猪翻动土壤留下的痕迹

田头山红外触发相机下的野猪群

疑似野猪翻动土壤留下的痕迹

山的秘密：那些坪山发现的“新物种”

孕育丰富生命的坪山山林
吕牧华 摄

一座山就是一座宝库，无数的生命依偎着大山栖息，山的宽广和立体给了生命无限可能。

即使在资讯如此发达的今天，山里仍然隐藏着 一 些我们还未知晓的物种，等待在某 一 天与有心人相遇，从而揭开面纱。

深圳秋海棠
王晓云 摄

深圳秋海棠
Begoniashenzhenensis

2018 年，深圳资深植物爱好者王晓云在田头山市级自然保护区森林下岩石表面的浅腐殖质土壤上发现一种从未见过的秋海棠。经研究后发现，这种秋海棠在形态学上与假侧膜秋海棠相似，但其叶、叶柄和花梗上的毛更密，花药先端钝，子房有毛，果翅较窄，是秋海棠属扁果组新发现的物种。

截至 2021 年论文发表时，研究人员仍只在田头山发现这一个小种群，因此将它评定为极度濒危。

秋海棠喜欢隐蔽潮湿的山谷石壁，春

夏季开花，夏秋结果。如果行走山林时有幸遇见，一定不要打扰它，呵护以深圳为名的壁上小花。

好消息是，这片秋海棠目前长势良好，希望深圳秋海棠家族能不断壮大！

坪山拱背蛛
Spheropisthapingshan

2021 年 9 月初，经验丰富的深圳蛛形学爱好者陆千乐在坪山全域自然博物步道调研时发现一种与众不同的蜘蛛，经研究后发现是一种从未被描述过的蜘蛛，后根据模式产地（用来定名的原始标本产地）和形态命名为坪山拱背蛛。

坪山拱背蛛属于球蛛科，体长只有 2 毫米，体色黝黑，如果不是陆千乐细心观察而且对常见蜘蛛烂熟于心，也很难发现它。

作为一种微小的蜘蛛，坪山拱背蛛有着独特的生存之道。

盗食寄生（Kleptoparasitism）指动物通过侵入其他动物生活空间，以寄主动物的食物或生活副产物、少数时以寄主动物本身为食的生活方式。

坪山拱背蛛就盗寄生在冉氏褛网蛛的蛛网之上。后者是一种大型的织网蛛，体型是前者的好几百倍。

坪山拱背蛛选择寄生首先是为了更容易获取食物，冉氏褛网蛛网上粘住的小飞虫对于正主来说相当于小芝麻，可不稀罕吸食，但对于微小的坪山拱背蛛来说算得上免费大餐。

此外，也能够获得更好的隐蔽保护。冉氏褛网蛛的蛛网看起来乱七八糟，像褴褛的破衣服，还常选择在土坡、石块等的阴暗角落，非常不起眼。坪山拱背蛛选择这种蛛网寄身，相当于有了保护伞，天敌会被蛛网阻拦，而且不易被发现。

坪山拱背蛛
陆千乐 摄

02

向水溯源

坪山好“水”

坪山望海而不临海，以山闻名但也不失水的灵动。

丰富的水景观中，最特别的当数山岩落差中形成的飞瀑。论人气，碧岭瀑布则是其中的流量王。碧岭瀑布水量大，地形多样富于变化，环境清幽绿荫环绕，还亲民地处于马峦山郊野公园碧岭入口附近，夏日前来赏瀑享受清凉的游人自是摩肩接踵。走进深山，还有马峦山瀑布以声势浩大取胜，七连瀑绵延浩荡。

山林中除了澎湃的瀑布，还有润物无声的溪流，与飞瀑形成一动一静。汩汩溪水温柔又坚韧地渗入石缝、聚少成多，低调地滋养着山中生命。

走出山林，一条坪山河缓缓流淌，从西南向东北贯穿坪山区全境，像丝带般串联起河畔的自然与人文景观，也孕育着新兴的高等学府——深圳技术大学和未来的深圳自然博物馆。

水是生命之源。在坪山全域自然博物中，碧岭瀑布群步道和坪山河自然博物长廊两条步道分别以瀑布与河两大水元素命名。游玩这两条步道，将对坪山的好“水”有直观认识。

碧岭瀑布群步道总览牌

山河自然博物长廊解说牌

坪山河自然博物长廊的解说牌吸引着游人驻足 蔡漫 摄

碧岭瀑布群步道

碧岭瀑布群步道全长 3.05 千米，爬升 240 米，掩映在绿荫中的步道沿溪而上，两侧是马峦山延绵的山岭，中间是潺潺流水的溪谷。攀登到最高点，可以眺望马峦山谷的壮阔。

碧岭是典型的溪流峡谷，溪谷中的瀑布有的如飘带挂在山间，有的如帷幕流淌而下，落差最大的瀑布高达 15 米。水流的侵蚀塑造了碧岭溪谷独特的地貌，在这里，能看到裂隙泉、壶穴和跌水潭等水文地质景观。

碧岭溪谷两岸丛林茂密，栖居着丰富的生物。清澈的溪水吸引了许多蝴蝶、蜻蜓在周边栖息，野生鱼类在水中成群游动，珍稀的香港瘰螈也在这里生活。人们在这里也可慢下脚步，听听林鸟多样的鸣叫，看看瀑布如何日夜不息地打磨着山岩。

了解溪流峡谷的水文地质知识与溪涧两岸自然生命的奥秘，是碧岭瀑布群步道的研习要点。

扫码
看碧岭瀑布群
步道 VR 展示

开放时间：08:00—18:00

步道地址：坪山区马峦街道马峦社区马峦山碧岭入口附近

步道长度：3.05 千米

体力需求：★★★

公共交通：马峦山郊野公园站 / 碧岭幼儿园站

自驾导航：碧岭瀑布群步道
（停车需在 i 深圳 App 上预约）

坪山河自然博物长廊

坪山河自然博物长廊是坪山区步道系统中的核心线路，全程 38 千米，与坪山森林步道在碧岭和水祖坑相接，构成山河相连、长达 78 千米的环形步道。

早在新石器时代，就已经有先民在坪山河畔生活。坪山河有丰富的自然生态资源和极具特色的客家传统文化。珍稀的唐鱼在这里繁衍、翩翩的鹭鸟在这里栖息，大万世居、丰田世居等客家围屋坐落其间。

坪山河从森林之中奔涌而来，一路向东，流经城市中心区，连接城市和郊野，仿佛是深圳自然博物馆（筹建中）的“户外馆”。坪山河自然博物长廊的花鸟虫兽，都是天地间珍存和呈现的藏品。

扫码
观看坪山河自然
博物长廊 Vlog

开放时间：因河流距离较长，请关注前往路段具体开放情况

步道地址：坪山区坪山河沿岸

步道长度：38 千米

体力需求：★★★★

公共交通：沿河任一公交站，推荐“坪山湿地公园站”等

自驾导航：坪山河公园等
（停车需在 i 深圳 App 上预约）

碧岭溪谷沿岸设有架空的栈道
方便游人观赏的同时不打扰在此栖息的生物

瀑布是我们比较熟悉的一类自然景观，我国的黄果树瀑布、中越边境的德天瀑布、美加边境的尼亚加拉大瀑布等，都是世界闻名的瀑布景观，从古至今吸引着人们前去观赏。唐代诗人李白的名句“飞流直下三千尺，疑是银河落九天”就是对庐山瀑布景观的描写。

瀑布，地质学上称为“跌水”，是对英文“Waterfall”的直译。当河流或者山涧流经断崖或者陡坡的时候，会从高处以近似垂直的角度跌下，便形成了瀑布。雨量充沛的深圳自然也有瀑布，主要分布在北部和东部的山区，包括羊台山、梧桐山、马峦山和七娘山。

马峦山瀑布气势磅礴，其中碧岭瀑布群和马峦山瀑布群是水量最大的两处。瀑布飞流直下，激荡出白色的水花，遥望宛如雪白的绸带挂于山间，十分显眼。水的冲击也起到了降温作用，让山谷更加清凉，因此每到炎夏，这两处瀑布群都挤满了前来乘凉赏瀑的游人。

碧岭瀑布群

马峦山高低错落，因此才有了水的流动，那些高山低谷陡然落差之处便容易形成瀑布，碧岭溪谷就是一处落差较大的低谷。在降雨之后，森林中水分充足，水往低处流，便汇集到通往碧岭溪谷上方的断崖处，迫不及待地往下奔去。

在向下奔流的过程中，水流还会遇到许多小断崖和陡坡。当瀑布流经近乎垂直的断崖时，水会从瀑布出口处倾泻而下，落在下方的岩石上。经年累月地冲刷后会在瀑布下方形成一口深潭，地质学上叫作跌水潭，水滴石穿，讲的正是这个道理。碧岭的瀑布口处较窄，水力的冲刷作用很强，在斜坡的中部形成跌水潭，最终形成叠瀑。叠瀑是碧岭瀑布的一大特色，水流充足时共有五级瀑布，都属于这一类型。

在碧岭溪谷，除了水力冲刷和侵蚀出的跌水潭，还有些地方并没有瀑布，却也在岩石上面形成近似圆形的坑洞，这又是什么呢？

原来，山岩也有强有弱、有软有硬，还可能有不少裂缝。山间的水流往往会“欺软怕硬”，优先侵蚀软的岩石，或是沿着岩石中的裂缝侵蚀。在水流作用下，裂缝会逐渐增大，接着会变成浅浅的小坑。再往后，坑里的水流还会慢慢形成旋涡，而水流中也会夹杂一些掉落的小石子，把水坑进一步地磨大磨深，最后形成了这些圆形或者近似圆形的坑洞，被称为“壶穴”。壶穴就像茶壶一样，口小、肚子大，随着侵蚀作用的加深，壶穴的“肚子”也就越来越大，大的壶穴直径能有好几米。

除了冲刷、侵蚀之外，流水还有搬运的作用。在碧岭溪谷中下段较为平缓的河道中，散布着许多大小各异的岩石块。它们的表面比较平滑，缺少棱角。这些石块原本在山上，在水流的搬运作用下，较小的石子和砂粒被冲到下游，较大的石块则会在平缓的河道停下，并缓慢往前移动。水流不断冲刷，又将石块原来的棱角磨平，成为我们现在看到的圆润样子。

碧岭多样的景观，都跟水分不开。看似柔润的水在特殊的地质条件下，悄然塑造着山岩的形态，山岩也记录着水走过的痕迹。

碧岭瀑布

马峦山大瀑布
彭欣 摄

马峦山瀑布

与临近郊野公园出入口的碧岭瀑布群相比，马峦山瀑布少了些热闹多了几分空山幽谷的深远。瀑布与庚子首义旧址相伴，依偎着古老的马峦村，游赏瀑布后还可去农家乐品尝乡土食材的自然本味。

藏于深山，马峦山瀑布周边湿润清凉。水流经之处，喜欢阴湿环境的四子马蓝等小花默默装点着林下因为阳光缺席而略显单调的黑暗。

在瀑布下方相对平缓的小水池中，蜻蜓和蟌在这里繁衍后代。在繁殖季节，它们的成虫会在水边飞舞，寻找配偶，一旦配对成功，就会将卵产于水中。卵孵化之后会成为低龄稚虫，蜻蜓的稚虫比较粗壮，蟌的稚虫比较纤瘦，均称为水虿。水虿在水中捕食其他小昆虫的幼虫，体型变大时甚至能捕食水中的小鱼。经过不断地觅食不断蜕皮长大，它们会在水边寻觅一处岩石或植物，抓牢后进行蜕皮羽化，像一架架小飞机一样四处飞舞。

水虿能捕食小鱼，小鱼也能捕食小水

虿。甚至那些不小心落在水面的小昆虫也会被溪流鱼捕食。香港瘰螈也在对昆虫和小鱼虾虎视眈眈，到了繁殖期，它们内部还要为争夺伴侣与产卵地大打出手。看似平静的小水池里，日夜上演着野性故事。

瀑布下的溪流里原生淡水鱼宽鳍鱲（lie）在畅游

坪山河：亘古流长、润泽万物

人类文明总是与水相伴。将坪山河称为坪山区的“母亲河”绝不为过。

坪山河两岸，水系发达、土地肥沃、物产丰富，自古以来就是优良的居所。早在新石器时代，就已经有先民在坪山河畔生活。秦始皇统一岭南、汉武帝平定南越国、晋末“衣冠南渡”、唐宋时期海洋经济的发展，为坪山注入了源源不断的新移民。清康熙二十二年（1683 年），清朝初年颁布的“禁海令”取消，“迁海复界”后，更多客家人由内陆迁入坪山。

客家先民在此种植水稻、甘蔗等农作物，生产大米、蔗糖等农产品，并通过坪山河、龙岗河的船运贩卖至惠州、韶关一带。勤劳智慧的客家人依托坪山河优越的自然环境，积极发展农业和商业，积累了大量财富，建造了大万世居、丰田世居等气势恢宏的客家围屋。

今日坪山河已治理建设成市民悠闲游玩的好地方，农田虽已不复存在，但坪山母亲河的河水依然滋润着两岸水草树木的风貌，为坪山带来水的灵动。

坪山河寻古

2013 年 7 月 19 日，一场大雨过后，坑梓街道的一处边坡发生了崩塌。在地质灾害调查中，巡查人员发现了一窝表面呈多个蛋壳形状的奇特“石头”。大家不敢怠慢，马上向上级部门汇报。经专家鉴定，这窝“石头”是珍贵的恐龙蛋化石，属于国家重点保护古生物化石，建议交由深圳市规划和自然资源局坪山管理局保管。2018 年 9 月，这窝恐龙蛋化石移交给深圳大鹏半岛国家地质公园博物馆收藏，并在清理后对公众展示。

这是深圳第一次出土恐龙蛋化石，给年轻的深圳带来了远古的想象。

记忆从远古拉回现代。坪山原来叫“东头岭山”，后因此地较为平坦，仅东南部有一座较高的田头山，其余多是低矮的山丘，故起名“坪山”。早在南宋时，已有大批汉人从中原南迁而来，在这里生息繁衍。后逐渐形成墟市，称“坪山墟”。坪山墟大约建于清朝乾隆年间（1736—1795 年），由黄、

贯穿坪山全境的坪山河
彭欣 摄

曾、张、戴四姓合创，农历每旬逢二、五、八为墟期。大万村曾氏世祖在坪山墟的东胜街、西胜街开设杂货店、洋货店、轿店、银店、当铺等，两街 70% 的店铺当时都姓曾。

抗战时期，坪山墟一度转移至坪山街道国兴寺一带。那里旧时设有谭公庙，坪山河从庙堂北面流过。河面宽阔、设有码头。商人把煤油、棉纱等物资通过坪山河运送到惠州、韶关等地。20 世纪 70 年代，坪山墟是深圳东部三镇最繁华的地方。

除了商业经济上的作用，坪山河也滋养着坪山人的精神生活。据老坪山人回忆，小时候的坪山河清澈见底，倒映着蓝天白云，河岸两边是农田和村庄。夏天孩子们放学回来就跳进河里玩，摸鱼抓虾，是童年生活的一大乐趣。水是生命之源，坪山河的水更直接滋养着深圳人：作为深圳主要水源之一，坪山河一直在供水上发挥着重要作用。坪山河流域的多座水库都是深圳市东部引水工程的储水库区。其中，1969 年建成的大山陂水库，如今已成为风景秀丽的大山陂公园。

坪山河畔的丰田世居
彭欣 摄

坪山河的落日余晖下，市民温馨休憩
蔡漫 摄

大山陂水库
曲赟 摄

坪山河，自然力！

坪山区早已不是那个先民刀耕火种、肩挑担扛的农业生活区，如今的坪山河也不再需要发挥船运功能，但一条河流的自然力量永远不会被取代。

每年夏季，东南季风带着大量的暖湿气流抵达深圳，遇到山体的阻隔后，水汽凝聚为积雨云，再化作雨水滋润大地。以坪山盆地为中心，南侧的马峦山—田头山，北侧的松子坑—聚龙山，组成了一个宽长的积雨面。三洲田水、碧岭水、汤坑水、红花岭水、赤坳水、金龟河、墩子河、田头水、石溪河、飞西水……数十条大小不一的山涧溪流，从森林之中奔涌而下，在坪山盆地中汇成坪山河，然后一路往东北方向流去，经淡水河—西枝江—东江，最后汇入大海。坪山河起着调节湿度、参与水循环的作用。

走进坪山河湿地公园，鹭鸟翩翩起舞、翠鸟蓝光闪闪，它们看似悠然地立在坪山河畔，实则眼睛都紧紧盯着河水中的小鱼，等候着出击捕鱼的好时机。湿地丰茂的禾草中，莺科小鸟在其间鸣唱着，从春到冬变换着不同的歌谣。更不用说春夏那些忽上忽下的蜻蜓，夏夜不知疲倦的螽斯……如果没有这条河，这些生灵要立身何处？

河畔有大学

如果说过去总是坪山河以宽厚的内涵哺育人们，如今人们也在丰富着坪山河的内涵。

2015 年，坪山第一座本科层次公办普通高等学校——深圳技术大学开始筹建，选址就坐落在坪山河畔。学校从德国、瑞士等应用型技术大学引进高水平教师；从企业、产业界引进高水平技术骨干，打造出一支既有突出教学能力，又有丰富技术开发

坪山河畔的雕塑是学子喜欢的去处

河畔有大学
彭欣 摄

燕子岭的未来令人期待

及应用经验、有技术大学特色的师资队伍。

这座高起点、高水平，创新、突破的大学，不仅有大师，更有年轻、充满活力的莘莘学子，在各项赛事中屡屡斩获奖项。2022年，创意设计学院师生就获得了12项欧洲产品设计奖，其中金奖9项，成为该赛事历年来获得全球包装金奖数量最多的高校。

未来坪山河

坪山有“未来之城”之称。深圳创新创业学院、深圳医学科学院等重大创新平台全面落地，“智能车、创新药、中国芯”等产业集群的加速崛起，也将推动坪山创新生态体系实现历史性变革，带动产业创新发展能级取得全方位提升。

深圳市“新时代十大文化设施”之一——深圳自然博物馆也将于不久的将来落地。博物馆建筑中标方案便以“河流”为主线，以“三角洲”为名，规划在蜿蜒的坪山河畔建造出一座柔和、融合自然环境的新型建筑。除了建筑形态上对河流的致敬，还搭建了一个可持续的韧性框架，通过四个相互连接的区域，收集和再利用雨水，减轻洪水的影响，补充地下水含水层。这种精密的可持续雨水管理系统将成为河滨公园及坪山河北向河流的自然延伸。雨水汇入自然湿地和滞洪地，让岸线回归自然状态。

如河流般蜿蜒的深圳自然博物馆设计的中标，代表了人们对坪山河的感激和期望。未来之城的母亲河，将有一个人与自然共处更加和谐的未来。

游人在坪山河湿地公园与河流生物立牌合影

03 客家的慢时光

客家人的坪山慢时光

深圳话是什么？不少人的印象里，深圳是个十足的“移民城市”，当然是讲普通话啦！

实际上，深圳是有“土话”的。根据深圳大学“深圳语言研究组”的研究，1985 年深圳政府曾通过统计得出：包括讲大鹏话的 3 万余人，宝安粤语使用人口共有 11 万左右，占当时全县户籍人口的 44%；而龙岗客语的使用人口约 14 万，占全县户籍人口的 56%。两大方言一西一东盘踞。

如今的坪山区在旧时就是典型的客家话片区，老坪山人也大多是客家人。客家人起源于中原一带的汉族，为躲避战乱开始了向南方迁徙的旅途。东晋南北朝时期的给客制度及唐宋时期的客户制度规定移民入籍者皆编入客籍，这群移民便称为客家人。

客家传统社会是典型的农业社会，农耕文明深植于客家文化中。客家人豁达宽厚，为避免纷争偏居山林，因地制宜种植作物、采摘山间野果酿酒……旧时的梅州客家人有诗歌形容自己的生活：“深山最深处，禽落自成村；结庐在山顶，圭窦而荜门。牵牛天上出，鸣鸡林外闻；方知吾客族，住遍岭头云。”

与自然紧密结合的山林生活让客家人尤其看重宗族关系，注重自然环境，有着朴素的道德观和与自然和谐相处的理念。厚德、忠孝、崇文是客家人普遍认同的家风家训。

在坪山，能够感受到原汁原味的客家文化。第三次文物普查数据显示，坪山 166 平方千米的土地内，有 114 处不可移动文物，其中 102 处是客家围屋。这些客家围屋以宗族为联系纽带，过去整个大家庭围住在一起，很多已有百年历史，被称为“世居”。如今，

俯瞰大万世居

尽管家族后代大都已搬迁至新房居住，世居的一砖一瓦仍默默记载着过去的悠悠时光。

客家围屋是聚族而居的城堡式围楼。它前有月池（半圆形池塘）、禾坪（晒谷场）。围屋的中心部位为“三堂（宗祠）两横”建筑，四角建有碉楼，有些后围中间还建有望楼等。墙体多用三合土（泥、灰、沙）夯筑，或用土坯和青砖垒砌。坪山的客家围屋主要继承了粤东地区客家围龙屋和四角楼的传统，同时又吸收了广府民居的优点，形成自己的特色。

参观客家村落会注意到，无论是背山望水的山村，还是坐拥良田的平地村落，只要是客家村民居住的地方，房前屋后都必有果树、竹丛，村子整体也常被郁郁葱葱的树林包围，村后更有绵延百年的风水林。

风水林中的树木大都是当年创建围屋的祖先所栽种，其中不乏百年古树。风水林被视为福荫家族风水的宝林，即便如今后代已不在围屋居住，这些树木依然受到悉心的保护。

从精神的角度，风水林象征着村落的兴旺发达，树茂则人盛，能给人极大的心理抚慰。从实用的角度，客家人爱护风水林就是在保护居住环境，树木能够固土涵水、调节温湿度，更是形成一个健康的微型生态系统，庇护着山林中的小动物，保护着自然资源。

十年树木，百年树人。客家人爱护自然、注重教育，从植树育人的耐心中可以看出客家人不急不慢、稳扎稳打的行事风格。坪山有几处著名的客家聚居地值得去走一走，在现代快节奏中去感受客家人的慢生活。

大万世居

大万世居

在坪山众多围屋中，大万世居是最负盛名的一座。它初建于清乾隆五十六年（1791年），经历 200 多年的沧桑依然保存着昔日的风采。大万世居是全国最大且保存最完整的方形客家围屋之一，占地 2.5 万平方米，建筑面积 1.66 万平方米，共有房屋 400 余间——从房间数就能想象出当年的人丁兴旺。

大万世居曾经的私塾——明新学院，如今摇身一变成为大万明新学馆的所在地，这是坪山城市书房之一，多选址在自然环境幽静的地方。

2022 年，坪山美术馆推出大万世居艺术驻地创作展，展出内容即是艺术家们在大万世居为期 3 个月的驻地中，与古老的客家围屋碰撞出火花所创作的艺术品。

金龟村

金龟村不只有孩子喜欢的自然活动，对于成人来说则是历史底蕴深厚又静谧的文艺之地。

金龟村依傍着风景秀丽的田头山，潺潺的金龟河从村中流过，伴水而生的还有鸟儿与壮观的水翁群落。古朴的客家建筑和传承久远的风水林在村中伫立，更增添厚重的文化气息。

小桥流水人家是金龟村的写照，坪山城市书房系列中最受欢迎的“金龟自然书房”就在这里。书房有文创商品和醇香咖啡售卖，点杯咖啡、选一本心仪的书，就可以在里面的实木大书桌上伏案阅读。这个书房选书尤其特别，搜罗了大量高质量的自然主题书籍，在宁静的客家古村中阅读自然，该是怎样的惬意。

书房天台不定期会有音乐会和电影放映活动，找一个夏夜，去体验听着虫鸣与吉他声的交响曲吧！

金龟河畔的水翁群落

金龟橘
金龟老潘 供图

金龟自然书房

龟村口的彭氏宗祠

俯瞰罗氏大屋

庚子首义旧址

庚子首义旧址位于广东省深圳市坪山区马峦社区马峦村，属区级文物保护单位，由罗氏大屋以及附近的强华学校共同组成，建筑占地面积约 1144 平方米。

庚子首义旧址除了记录下了客家老屋精密的构造，还是进行红色教育的好地方。抗日战争期间，东江军委曾在此指挥战争。

庚子首义旧址见证着孙中山先生打响资产阶级民主革命、推翻满清政府的第一枪；同时也曾是东江纵队临时司令部、是广东反抗帝国主义侵略的中心所在。尽管“首义”以失败告终，但打响了 20 世纪中国革命的第一枪，此后国人才开始渐渐了解革命、同情革命，革命风潮自此而起。因此，庚子首义在中国民主革命进程中具有重要的历史地位。

对于此次起义，孙中山先生给予很高的评价：“惟庚子失败之后，则鲜闻一般人之恶声相加，而有识之士，且多为吾人扼腕叹息，恨其事之不成矣，前后相较，差若天渊。吾人睹此情形，心中快慰，不可言状，知国人之迷梦已有渐醒之兆……有志之士，多起救国之思，而革命风潮自此萌芽矣！”

红花岭乡土植物步道

这条步道以深圳乡土植物为主题，在研习植物知识的同时更是感受客家村落对

红花岭山坡上的黧蒴锥林

自然的朴素情感。

从庚子首义旧址出发，全长 6 千米的步道会经过一片完整的南亚热带低山常绿季风阔叶林。

这片林地正是一直受到客家传统风水信仰的庇护，因而很少被破坏。经过数百年的自然演替，这片林地的成熟度已非常高，形成以米槠、黧蒴锥、鹅掌柴和红鳞蒲桃等树种为主的顶级群落。漫步在其中，到处可见高大雄伟的树木，其中不乏树龄上百年的老树。

漫步其中，时间仿佛会慢下来，忙碌的都市人也可学一学客家人悠然的生活态度——择一片山地，与土地为伴，向自然致敬。

强华学校

红花岭张屋背后的风水林

扫码
观赏红花岭乡土植物
步道 Vlog

开放时间：08:00—18:00

步道地址：坪山区马峦街道马峦社区马峦山红花岭水库附近

步道长度：6 千米

体力需求：★★

公共交通：马峦山园区总站

自驾导航：马峦山郊野公园北门

（停车需在 i 深圳 App 上预约）

客家乡土植物志

早期的客家人异乡为客，多偏居山地，生活艰苦，在向大自然讨生活的过程中，也与自然建立了紧密的联系。哪些植物能吃，哪些植物芳香，哪些植物入药……虽然未必说得出“纲目科属种”，每位客家老人脑海中大概都有一本“客家乡土植物志”。

艾粄以艾草制皮
隐约可见打碎的植物纤维
陈艺 摄

菊科之光：艾草

艾草在中国野菜界的地位很难被撼动。尽管对野菜的偏好十里八乡各有不同，但艾草以其独特的浓郁香气和保健作用一统天下。

艾（俗称“艾草”），是菊科、蒿属植物，多年生草本或略成半灌木状。在中国大地上，除了极干旱与高寒地区，低海拔至中海拔地区的荒地、路旁河边及山坡等

长于路边、房前屋后的艾草
被勤劳的客家人用于制作点心
刘基男 摄

与植物分不开的各色“粄”
陈艺 摄

地都有分布，也见于森林草原及草原地区。茎叶有浓烈香气，被认为有杀菌驱蚊虫、驱邪避秽的功效，因而在天气渐热的端午节，人们有悬艾草、洗艾浴的习俗。

客家聚居地正是艾草适宜生长的环境，艾草自然也早早被发现利用。除了常规的悬艾草、洗艾浴，客家人在美食上也动了不少脑筋。在客家地区，有一类食物被统称为“粄”，泛指用米浆所制食物，是客家米类食品中的特色。把艾草打碎的汁液混合米浆制作出的粄，就叫艾粄，是客家人清明扫墓拜山后必吃的食物。

还有种艾草的近亲——鼠麴草（鼠曲草），有时也会取代艾草的角色成为清明时节的标配，反正都是菊科植物。

艾草除了打汁加工外，还可做艾叶鸡蛋、艾饺……艾草可算是被客家人吃明白了。

客家植物 SPA

除了以植物的鲜美果腹，喜爱清洁的客家人还把植物开发成了洗浴用品。客家人过年，除夕夜要用几种植物熬水洗澡。各家有各自秘方，但大都包括柚子叶。

柚与佑同音，而且自带柑橘的香气，用它洗澡，既是保健的考虑，又有对新年得神明佑护的美好期待。

其他用作植物 SPA 的还有竹叶、石菖蒲、松针、小槐花（抹草）等。多种植物枝叶捆在一起，加水煮成“大吉水”使用，满屋清香。

柚子美味，寓意喜庆
是客家人喜爱的果树

04 在坪山，陪孩子慢慢长大

在坪山，陪孩子慢慢长大

2019 年，《坪山区建设儿童友好型城区工作实施方案（2018—2020 年）》正式发布。该方案围绕如何建设儿童友好型城区提出了 6 大行动，细分了 21 个实实在在的具体项目，在城市建设中坚持儿童优先和儿童利益最大化原则，补齐儿童发展短板、不断优化儿童生存环境、不断增强儿童的幸福感。

时至 2023 年，方案中提出和规划的已悉数实现，坪山家长们惊喜地发现，儿童友好型医院、儿童友好型图书馆，甚至专为儿童建立的公园就在家门口。未来之城坪山确实把象征未来的孩子放在了首位。

孩子们需要什么？不只是更低的水龙头、更鲜艳的游乐设施。坪山在美学教育、环保教育、自然教育等方面都注重孩子们的需求，提供免费易达的文化设施，高水平的美学氛围熏陶，丰富多样的自然互动活动。

《哭泣的北极熊

与水依偎的坪山文化聚落

儿童公园中的青青草儿童书房

文化聚落，自然相伴

坪山文化聚落汇集了图书馆、美术馆和特色书店，在这里可以饱读诗书、可以漫步在摩登艺术之中、可以坐下品一杯醇香咖啡。

坪山中心公园则以树荫绿地、栈桥流水、鸟语花香将文化聚落的设施用自然元素串联成一片都市里的乌托邦。大人们在这里享受着深圳难得的慢生活，孩子们则能在此间享受为他们特别订制的活动。

PAMKidsStudio（坪美画画仔）是坪山美术馆创立伊始就推出的儿童公办教育系列活动。旨在通过跨领域学科、艺术理论、艺术实践相结合的活动，突破单一的美育认知，以艺术为出发点，培养儿童的 Potentiality（潜力）、Ability（能力）、Motivation（动力）。

活动已运营三年多，让孩子们与艺术家面对面，体验传统工艺与新锐艺术，在轻松玩乐中接受美学熏陶。例如，“无限搭建”主题活动，使用石头、水泥、红砖、木纹和金属五种不同材质肌理的纸积木模块，通过巧妙的拆解、拼接和色彩搭配，运用木构建筑中的榫卯结构原理，搭建出百变的建筑空间；“自留园”系列儿童工作坊，将植物认知与美学设计相结合，让孩子们认识蔬果与花卉，亲手设计一个小花园。

坪山图书馆则不定期举办绘本阅读、手工制作等活动；或播放孩子们喜欢的动物主题动画片、自然纪录片；更有各路名人带来主题多样的讲座，连“博物君”张辰亮都在图书馆直播间开过讲座呢！

“领航小馆员”活动则让孩子们做图书馆的主人翁，体验场馆维护、读者服务、选书购书，与大家分享自己心爱的图书。在亲身体验中，感受到图书馆中的科技力量和精细的管理规则，对一座图书馆的运营有了概念。

坪山图书馆在龙坪路华瀚科技大厦还有专门面向孩子的分馆——坪山少儿图书馆。

走出图书馆和美术馆，孩子们喜欢去“亦山品物”绘本阁楼翻阅一下。“亦山品物”除了是家氛围舒适的书店兼咖啡厅，还提供了多种以坪山自然元素为主题的文创产品：禾雀花造型的耳坠、家燕造型的项链、鸟类图案的雨伞和笔记本……把自然美学和坪山特色结合并落地成可以触摸使用的物品。

坪山儿童公园中玩耍的孩子

坪山中心公园是市民“遛娃”的好地方

中心公园航拍图

从室内走向户外，坪山中心公园的雕塑群既富趣味又有教育意义，也会让孩子们流连。这些雕塑来自 2018 坪山国际雕塑展，其中一批符合坪山城市气质的雕塑就留在了中心公园。其中孩子们最喜欢的莫过于《哭泣的北极熊》主题雕塑，孩子们说："看到它就会想到气候变暖给野生动物造成的伤害，平时要提醒爸爸妈妈随手关灯、少开车多搭公共交通才行！"

在"鸡娃教育"之风盛行的今天，坪山却希望孩子们慢慢去感受、去探索，逛逛美术馆、看看喜欢的绘本、在公园里撒欢跑动……谁说学习一定要在书桌前埋头苦干，谁说一个快乐的童年不重要呢？

中心公园自然艺术步道

中心公园自然艺术步道，紧邻坪山文化聚落，连接着坪山美术馆、坪山大剧院和坪山图书馆，自然与艺术在这里相遇、融合，带给游人关于美的享受与思考。

这里有长达 300 米的树冠长廊，可以用飞鸟的视角，近距离观察大树的叶片、花朵和果实，聆听大树讲述的自然美学课；这里陈列着 11 件艺术家创作的雕塑作品，我们可以畅游在艺术家的想象中；这里有着适合小朋友们的自然教育中心，为广大市民提供了丰富多彩的自然艺术活动。

走进中心公园自然艺术步道，将与孩子们一起发现自然带给我们的想象力和创造力，用艺术的眼睛发现自然的美好。

扫码
线上游中心公园

开放时间：08:00—18:00
步道地址：坪山区坪山大道与沙坑二路交叉路口南 100 米
步道长度：2 千米
体力需求：★★
公共交通：坪山文化聚落站
自驾导航：导航中心公园自然艺术步道

深圳首个自然主题儿童公园

坪山儿童公园位于坪山区碧岭街道沙湖社区，占地面积约 5.7 万平方米，南依马峦山风景区，社区生活成熟，自然风景优美。作为深圳第一个区级专类儿童公园，公园秉持自然生态、自然游乐、自然教育理念，打造出山水相依、寓教于乐、富有创意的自然游乐公园。

按照“原生态、近自然、少迁树”的原则，公园完全保留了建设范围内原有的荔枝林，并通过底层植被梳理、辅以平衡木等设施，营造成可供儿童游玩、休憩、攀爬的林下亲子游乐空间。巧妙地将自然地形地貌与儿童游乐设施相融合，通过梯级平台与空中连廊弥补高差，利用高差设置了爬梯、滑索等游乐设施。

儿童稚趣步道总导览牌考虑了孩子的身高需求

稚趣步道互动装置

中心公园给孩子们提供一处自然游乐场

坪山儿童公园趣味解说牌

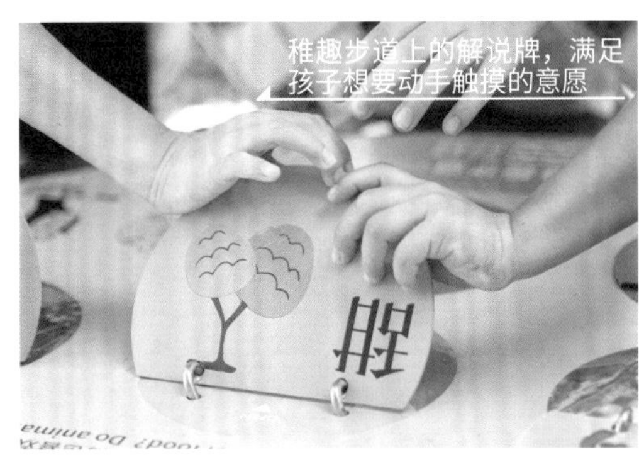
稚趣步道上的解说牌，满足孩子想要动手触摸的意愿

儿童稚趣步道

儿童稚趣步道起于沙湖桥，止于马峦山郊野公园黄竹坑入口，主要围绕坪山儿童公园为主线展开，一路上不仅有好玩的游乐设施，还有互动性强、色彩鲜明的解说牌。让小朋友可以一路走一路玩耍一路学习自然知识，也是亲子相伴徒步的好地方。

扫码
观看儿童稚趣步道 Vlog

坪山儿童公园中设有蹦床给孩子们撒野

开放时间：07:00—21:00

步道地址：坪山碧岭街道沙湖社区同裕路与黄竹坑路交叉口东南

步道长度：2 千米

体力需求：★★

公共交通：南湖工业区

自驾导航：导航坪山儿童公园

给孩子的自然活动

坪山的孩子有最新、最具设计感的文化设施，有量身打造的奇趣公园；更重要的是，还有类型多样的走心自然活动，能变着法带来一百种可以认识自然奥秘的玩耍方式。

孩子们的屋顶秘密花园

“大人别上来！”

这是坪山儿童公园“青青草书房”屋顶的共建花园名字。这个小花园从花园名称、花园设计、花园建造都是由孩子们亲自设计并打造的，花园为儿童服务，也将由孩子们承担起维护责任，真正做花园的主人。

孩子们亲自参与的屋顶共建花园

儿童共建花园建造工作坊

有趣的爬藤植物炮仗花和百香果在花园里茁壮成长着

可别因为是孩子们参与建造的就小看这个花园，这里有花境、稻田、水培蔬菜区、爬藤植物园、植物“幼崽”繁育基地等。甚至还设计了雨水收集区、露营场……既环保可持续，又是个可以撒欢玩耍的地方。在繁忙世界里挪不开身的成年人看了肯定眼馋，才要强调，“这里是孩子们的地盘，大人别上来”吧！

孩子们搞起种植来也是认真的。据悉，花园中的水培蔬菜区每年可生产蔬菜达2000斤，比大人们先一步实现蔬菜自由。他们还在营地边界区域垂吊着彩绳，既可以充当软隔断，又可以“复古”地记录花园大事件。

1个结代表水稻收获一次，2个结代表召开过两次儿童议事会，4个结代表水培蔬菜收获了四轮，40个结代表志愿者们完成了40次日常花园维护……这种只在影视里见过的古老记事法让孩子们在这个前卫小花园体验到了。

因为有趣好玩还有成就感，在花园里“干活”的孩子们乐在其中。花园建造与儿童公园自然教育中心的自然教育活动结合，在孩子们的努力下，内容还会越来越丰富。2022年11月，自然教育导师带着小朋友们制作了“昆虫旅馆”，放置在小花园里，孩子们都在期待，等春天来临，谁会入住这些旅馆呢？它们能帮花园抓害虫吗？

有这些凝结了自己汗水的成果放在儿童公园，难怪孩子们总想往那儿跑！

孩子们逛公园爱看什么？

草坪撒欢很棒，跟雕塑拥抱很好，但对小朋友们来说，公园里最让他们感兴趣的还是那些会走会飞的小动物们。

如果你在中心公园看到一群小朋友们举着望远镜在找着什么，那一定是坪山中心公园自然教育中心的自然导师在带大家观鸟。有时导师也会带小朋友们坐下来，耐心地把一路看到的花草鸟兽画下来或是用捡拾的种子拼出一只小甲虫。夏季自然导师会带孩子们见识真正的“甲虫”，甚至可以在老师的带领下摸一摸它坚硬的外壳……即使是怕虫的小朋友，一场活动下来已经和小昆虫们玩得不亦乐乎。

坪山中心公园自然教育中心还有丰富的室内配套：垃圾分类互动装置让孩子们在玩中学，比大人还了解日常垃圾怎么分；种子展让孩子们认识坪山常见的种子类型，认真学习，下次与爸爸妈妈一起出游时就可以“显摆”一下知识了！

公园给了孩子们在家门口观察自然的机会

坪山中心公园自然教育中心室内

中心公园自然教育活动

金龟古村历险记

坪山还有一处大自然教育基地不在整洁的公园里，而在有着百年历史的金龟村中。

这里如今还居住着不少村民，家家户户栽种着果树和蔬菜，夏天不经意间一抬头就可能与满树果子撞个满怀。

金龟村就像大人们童年玩耍的村子那样，有溪流有菜地，有小鱼有瓜果。背靠着野生动物众多的田头山市级自然保护区，这里也许能够偶遇那些公园里没有的动物呦！比如金龟自然教育中心的吉祥物——倭蜂猴就是一种珍稀野生动物，它曾出现在金龟自然书房附近。当然，深圳并非它的自然分布地，这只小家伙经历了什么我们无从知晓。不管怎样，如此珍稀的小动物选择了这里，这里也欢迎它的到来。

在金龟村，可以沿着金龟河观鸟看鱼，也可以去菜地认一认茄子、豆角在地里的样子，哪怕去民宿区走走，也能在爬满薜荔的墙壁上找到一些惊喜。

坪山丰富多彩的自然教育活动都会发布在“坪山自然之友”公众号上，看到喜欢的活动发布招募了点进去报名即可。只是这些活动总是很受欢迎，有时还需要拼一下手速。

村里老墙上的薜荔（bìlì）结出了累累果实，这种果实可以制作凉粉
南兆旭摄

出现在金龟村的倭蜂猴
猫婶 摄

海

大鹏半岛三面环海，海岸线长128千米，约占深圳市的1/2，丰富的海洋资源，是深圳海的代名词。

这里因七娘山上极目远望的大鹏之势而闻名，也成为鹏城雅号的注脚。大鹏半岛，因自然馈赠与珍惜生态的种种努力，已成为深圳保持生物丰富多样性的珍贵宝藏。这里不只有鬼斧神工的地质奇葩，也有远离市区喧嚣的怡然自得。古树绕村相伴，人居与自然和谐共生。这里的山谷、海滨都深藏着难得一见的稀有生灵。令人称羡的植被覆盖率和洁净的海洋环境给无数生命提供了理想栖息地和庇护所。

良好的生态保护与科学开发相得益彰，完善的步道体系与多姿的公园、沙滩等载体，为公众乐山近海提供探索便捷。徒步、登山、潜水、冲浪，扬帆等站在潮流前沿的生活方式让现代市民重新感受雄奇山海的魅力怀抱。

大鹏专栏，试图从深圳最东端开始，用脚步度量这片天地造化，感受这块神奇土地的沁人芬芳，记录生态保护带来的渐次变化，为生命的多姿多彩而驻留。深切体悟到，自然之地，自让人亲近。

01

从海洋触摸深圳自然史

年轻的深圳却有着古老的自然史

一起穿越回半岛沧海桑田的开端

从远古时期触摸自然深圳

黑岩角丰富海岸岩石地貌
南兆旭摄

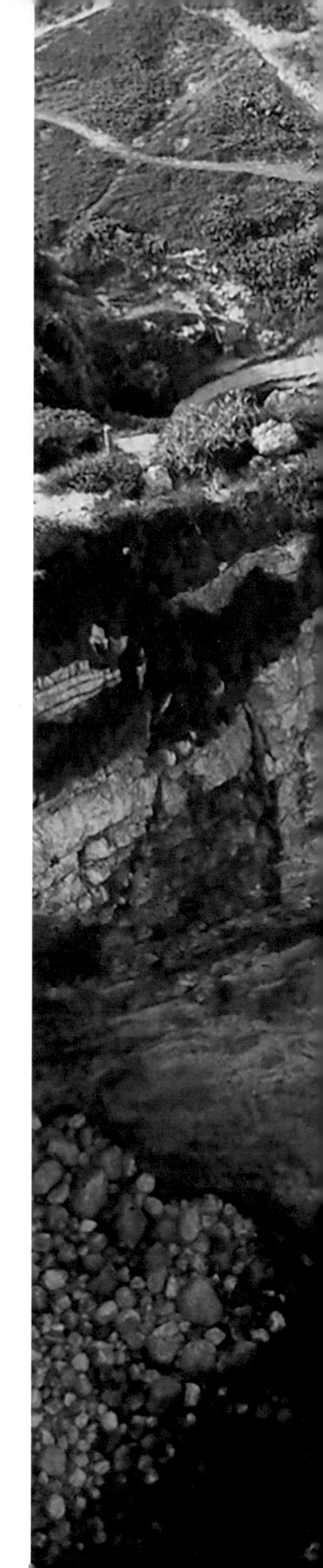

亿万年时光雕琢的半岛山海

如果可以化身鸟儿沿着深圳海岸线向最东端飞去，视线会被清透的蓝色与陡峭的礁石吸引。大自然原始之美在这里集中展现，被誉为“中国最美海岸线”的景观就呈现在这片被自然伟力雕琢的古老半岛上。

天造半岛

大鹏半岛的位置巧妙地避开了入海河流中泥沙的沉积。珠江口的江水由北向南注入南海，在地转偏向力的作用下，江水中的泥沙向西侧汇集淤积。因此珠江口西岸的近岸海水较为浑浊，大鹏半岛所在的东侧则较为清澈。大鹏半岛东西两侧的大亚湾和大鹏湾内，也没有大型河流注入带来泥沙，是我国大陆近岸海水透明度很高的海域之一。

海蓝色封印起深圳最古老的岁月。早在约 3 亿年前的古生代晚期，这里便逐渐由海洋变为陆地，并在距今 1.7 亿—1.3 亿年前迎来了大规模的造山运动——侏罗纪中期火山活动频繁，大鹏半岛在这一时期里经历了至少 3 期 5 次喷发活动，大量的岩浆从火山中或爆发或溢流出地表，冷却堆积而凝固形成了高耸入云的七娘山火山岩山体，直至白垩纪早期火山活动才逐渐停止，半岛的面目开始趋于稳定。

半岛不只由火山岩浆雕琢。偏西部分布的花岗岩最初也是岩浆，但不同的是并没有喷出地表而是在接近地表的区域缓慢冷却凝固而来。此外还有少量的沉积岩分布，它们由曾经的河流、湖泊、海洋等水域底部堆积的碎屑，在重力作用下经历漫长的时光逐渐压实胶结而形成。

复杂的地质演化塑造了最初的古老面目，风、雨、阳光与海浪不断改造大鹏半岛的模样，直至我们如今所见。

鹿嘴的火山岩层
汪洋摄

大鹏半岛的过店澙（xì）湖
吕牧华摄

海绘金岸

站在海拔 869 米的七娘山之巅，云雾缭绕下，唯见远处山海交接。湛蓝的海洋与如黛的山峦在交界处形成耀眼的海岸线。在阳光映射下，如同在山海之间描绘的一层金边。大鹏半岛的海岸线总长度达到了 133 千米，深圳原生态海岸线中的大部分就在这里。山海相连的地方多有高耸的峭壁。巨大的岩石上满是如同刀切斧砍的痕迹。

沿着海岸线，丰富的地质奇观就像一张张藏宝图，在蛛丝马迹中透露古老的秘密，也造就了看不够的半岛。

鹿咀至东涌一带的沿线，山体嶙峋的岩石直插入海，是典型的基岩海岸；杨梅坑石坝咀砾石滩则是一种堆积海岸；半岛上更不乏红树林海岸和近岸珊瑚礁等生物海岸，构成近海生物体系、滨海沼泽及湿地系统，滋养着半岛生命——如果去到过店澙湖，会被淡水河流与海洋“暗通款曲”形成的浅水湿地所蕴含的生命力所惊叹，这里涨潮时海水能够倒灌，盐度经常变化，是许多滨海生物的乐园。

望着海蚀崖、海蚀洞、海蚀柱、海蚀拱桥……你会感叹，大海是金色海岸线的描绘者，在岩石上留下了岁月长河中的激情泼墨。裹挟的砂石和盐分是它的画笔和粉墨，拍打和侵蚀是它的技法。着以缓慢的时光调色，终于形成天然而繁复的蚀刻绘卷。

亿万年前，这里是无边的海洋和炙热的岩浆，沉积与冲刷不断交替发生。如今，我们在半岛海边徜徉，远古的激情已化作脚下温柔的细沙与浪花。

在大鹏，穿越“侏罗纪”

在英国南部英吉利海峡，有一段从德国文埃克斯茅斯奥科姆岩石群一直延伸到东多塞特斯沃尼奇老哈里巨石的153千米海岸线，壮美瑰丽，被联合国教科文组织列入《世界遗产名录》，得名“侏罗纪海岸（Jurassic Coast）”。

之所以被称为“侏罗纪海岸”，是因为它形成于三叠纪、侏罗纪和白垩纪，跨越中生代时期，记载了1.8亿年的地质历史，发现过许多史前动植物留下的化石，包括恐龙脚印等。在这条海岸线上，有着亿万年间形成的沙滩、悬崖、海蚀柱、石拱门等，置身其中仿佛回到远古。

大鹏半岛也有“侏罗纪海岸”，分布着距今2亿年前侏罗纪最早期海陆交互相生物群化石。

古生物爱好者段维在18年前筹划徒步穿越我国1.8万千米的海岸线，沿途宣讲保护海洋。经过深圳时，在南澳海岸线发现了填海的大量化石。

段维仔细研究发现了在水头沙英管岭的植物化石标本，有着一朵“花”的图案，大小5厘米×3.5厘米，经过南京地质古生物研究所的专家测定，这是一块完整的本内苏铁“花”的化石标本，距今约1.9亿年，被称为“深圳第一花”。大鹏半岛远古时期的生命景象由此展现在眼前。

苏铁是一类裸子植物，在侏罗纪至白垩纪时期达至巅峰，遍及全球，成为恐龙的主要食物。当白垩纪结束，非鸟恐龙灭绝，北半球大多数的苏铁类物种也同时灭绝。本内苏铁正是其中一员，在剧变中被封存在了地层中。

专家鉴定，这批深圳南澳水头沙赫塘至辛涅缪尔期的植物化石是广东省一处非常珍贵的古植物化石遗产。该类化石在中国报道极少，目前仅见于辽西地区中侏罗世地层。

鹿咀悬崖海蚀洞
吕牧华摄

与“深圳第一花”发现者聊聊

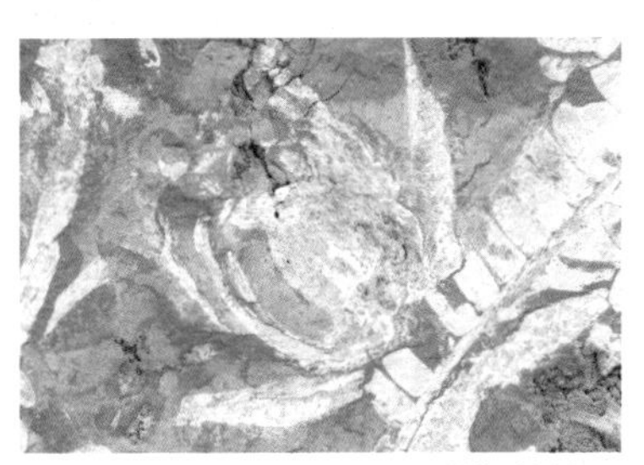

“深圳第一花”的特写

《自然深圳》:

我们也经常去大鹏半岛游玩，怎么没发现化石呢？

段维:

野外的化石不会像博物馆里一样展示给人们，通常是被掩埋的状态，清理前也不容易辨认。

《自然深圳》:

我们知道深圳第一花是本内苏铁的繁殖器官威廉姆逊花，这个花跟我们现在看到的荷花、月季花是一个意思吗？

段维:

我们现在熟悉的“花”通常是指被子植物的有性繁殖器官，由花瓣、花萼、花托、花蕊组成。本内苏铁是一种裸子植物，第一花应该说是花朵形状的孢子叶球。

注：赫塘期（Hettangian）指 201.3—199.3 百万年前这一时期。
辛涅缪尔期（Sinemurian）指 199.3—190.8 百万年前这一时期。

段维野外科考

02

沧海又桑田
生命繁盛依然

远古的震荡归于平静

时间拉回现代

半岛如今是多样生命的乐园

生长在七娘山中的
濒危野生植物紫纹兜兰
刘美娇摄

半岛古树地图

大鹏半岛有着深圳最古老的地质结构，也有着最优良的生态环境。2022 年上半年，大鹏新区空气优良率 100%，空气质量综合指数连续 9 年全市第一。295 平方千米的陆域面积，占全市约 1/6，却有着全市 1/4 的森林面积，保存着超过 1/3 的古树，多达 500 余株古树名木，为深圳之最。

半岛古树经历了人类社会变迁和历史风云变幻的洗礼。每一株古树的留存都是机缘与人类善意的凝结。因此在很多人眼里，钟灵毓秀之地才能孕育枝繁叶茂绵延百年的古树。古树也寄托着人们祈福祝愿、福荫子孙的美好愿望。古树与大鹏村落、古寺交相辉映。寻迹大鹏古树，我们会被人与自然和谐共生绵延百年的文化脉络深深感动。

半岛古树清单

树种	数量	树种	数量
小果皂荚	1	枫香树	2
广东箣柊	1	金叶树	2
台湾相思	1	海红豆	2
白桂木	1	笔管榕	2
石笔木	1	楝	2
印度榕	1	翻白叶树	2
红鳞蒲桃	1	木麻黄	3
青果榕	1	浙江润楠	3
重阳木	1	凤凰木	4
香蒲桃	1	木荷	6
润楠	1	白颜树	6
铁冬青	1	假苹婆	8
假柿木姜子	1	山蒲桃	11
黄桐	1	斜叶榕	11
聚果榕	1	潺槁木姜子	14
臀果木	1	水翁	16
山牡荆	2	荔枝	17
乌桕	2	樟	17
毛茶	2	秋枫	18
华润楠	2	银叶树	22
杂色榕	2	五月茶	24
红枝蒲桃	2	朴树	32
岭南青冈	2	龙眼	42
林生杧果	2	榕树	216

大鹏树王　香樟 | 572 岁 | 西贡

大鹏半岛古树众多，而南澳办事处更是其中古树集聚之地。因为这里有着 87% 的森林覆盖率，更有众多古村落。古树静静伴随着古村成长，古村则为古树提供庇护的家园。

"茂叶繁枝撑碧落，盘根错节跃虬龙"。被称为大鹏树王的这棵古树，就生长在南澳西贡村村口，年纪估算超过 570 岁，也就是说，明朝代宗景泰年间（1450—1457 年），它就已经扎根这里。

西贡村背靠红花岭，东面有西贡河经过，依偎着西涌湾。村里除了灰瓦白墙的新房，还有约 60 座砖木结构的传统客家民居。两条溪流从后山流下，滋润着古村古树。570 年，是人类的一生无法体验到的悠长岁月。对一棵树而言，将近 6 个世纪的时光只是一圈圈年轮的累积，宠辱不惊。树王默默驻守村口，饱经风雨仍然郁郁葱葱、枝繁叶茂，继续凝望着红尘阡陌。村民把树王视为西贡村的"守护神"，称为"树伯公"。树下设有神龛供村民拜祭，祈望古树保佑村子兴旺发达。

树王坚实的树干需要三人环抱，它的树荫则能为几代人遮阴。这棵古樟树的树荫是村里最热闹的场地，深圳的炎炎夏日下，老人们在这里摇着蒲扇乘凉叙旧，孩

500岁高龄的树王依然枝繁叶茂、精神抖擞

村民相信古树有灵树伯公庇佑着西贡村兴旺发达

童们围绕着老树捉迷藏、追逐打闹。

树王旁边还有座谭仙古庙，始建于1885年，平面布局为传统的三开间两进一天井结构，2012年1月13日，被深圳市龙岗区人民政府列为不可移动文物。谭仙，原名谭峭，传说拥有呼风唤雨和治病救人的神力，被称为“谭公仙圣”，受沿海客家人敬奉。

古庙会不会是因为古树选址于此，不得而知。神仙因为有德行而得道成仙，古树因为钟灵毓秀而枝繁叶茂。客家人的祭拜中，藏着朴素的道德观和对美好生活的向往，只要树王在村口繁茂着，便相信日子会一直兴旺下去。

古树上附生着蕨类植物

半天云古树群

秋枫 | 530 岁 | 半天云

我们离开西贡村，沿着大鹿港径行走，径直爬上红花岭可欣赏到西涌壮阔的海景。遥望着海景翻过抛狗岭，一个静谧的古村便跃入眼帘——深圳海拔最高的古村落，半天云村。

这个坐落在半山腰上的古村，经常笼罩在云雾之中，也许半天云的名字正是由此而来。半天云村面积不大，如今大部分村民都已外迁，却留下至少 18 棵古树耸立在山岚之中。

古树群中最引人注目的就是两棵高耸入云的古秋枫树，一棵扎根村口，超过了 530 岁，一棵隐居在溪边林子里，约 520 岁。村口的秋枫就像其他占据了村口风水宝地的古树一样，根部遒劲有力、气势恢宏，足足需要 5 个成年人环抱，作为一种护荫村落的象征，享受着香火。溪边的秋枫则更像是山野村夫，在密林中天生天养，为了争取到阳光可劲儿向上生长，不知因何从根部分叉，也不停下向上的脚步，两根主干齐头并进，30 多米的个头足足有十几层楼那么高。

海拔 426 米的半天云村像是繁华深圳的一个桃源梦乡。它是个典型的客家村落，遵循着“山林—聚落—水系—田地”的格局，村里道路纵横，因居高而少被尘世侵扰，老屋与祠堂、古树与山溪，把时光凝结，与村口远眺大鹏湾的繁忙形成鲜明的动静对比。

半天云村与水相伴
坐落在青山与古树群之间

即使村民已悉数搬走
古榕树下的伯公庙仍然被香火围绕

半天云村口的秋枫古树
李曾曼摄

客家人有风水林的信仰，建立村子时都会保留或者种植一片树林。从实用角度说，树林可以涵养水源、保持土壤、净化空气、美化环境，从精神角度说，人们会把树林的长势与全村兴衰联系在一起。“树长龄，人则长寿”“树木茂密，财丁兴旺”，基于这样的信仰，一些村子还会立下约定——砍风水树将受到处罚。这两棵古秋枫树，正是在客家人朴素的守护下得以雄踞半山500年，在古村原住民纷纷下山移居之时，又换它们留驻这里，向游人访客讲述半天云古老的故事。

半天云村口的秋枫古树树下建着伯公庙
李曾曼摄

东纵司令部旧址古树

群龙眼、假苹婆等 | 100–200 岁 | 土洋

行走到半岛的西北角，繁忙的深惠沿海高速旁隐藏着厚重历史的见证。

土洋村三面环山，怀抱大鹏湾，坐拥美丽的深水海湾，扼守着通往半岛的必经之路，因而自古是兵家必争之地。

来到土洋村的游人一定会去参观东江纵队司令部旧址，然后疑惑为什么这栋红色历史建筑风格相当西洋？原来，这里最早是意大利传教士修建的天主教堂，约建于 1921 年。1941 年，太平洋战争爆发，教堂的神父撤离。抗日战争时期，广东人民抗日游击队东江纵队在土洋村正式宣布成立，并在 1943 年 12 月至 1945 年 5 月，将这座建筑作为司令部。

在此期间，最浓墨重彩的一笔就是 1944 年 8 月召开的土洋会议，会议分析了当时广东和东江地区的斗争形势，作出 6 项重要决定，对加强广东党组织的建设和军队建设，全面发展广东的抗日武装斗争，具有重大的战略意义。

如今旧址保存完好，依然焕发着光彩，昔日参与抗日战争的民族英雄却已垂垂老矣或驾鹤仙去；唯留旧址旁的 11 棵古树——最年轻的也已过百年，仍然青翠欲滴，向这栋历史建筑投下温柔的绿荫臂弯。最年长的假苹婆树，早已走过两个世纪，见过比旧址古老得多的历史。只是树木从不喧哗，静静伸展鲜红色的蓇片，正如红色岁月般灿烂。

土样村古树群静守红色岁月
李普曼摄

被古树环绕的东江纵队司令部旧址①
李普曼摄

被古树环绕的东江纵队司令部旧址②
李普曼摄

半岛“国保”传

白腹海雕（国家一级保护动物）——海上雄鹰

海雕是一类大型猛禽，最著名的当数美国国鸟“白头海雕”，虽然在中国没有分布，但在很多场合都会露个脸成为“雄鹰”的代名词。其实，深圳有自己的“海上雄鹰”——白腹海雕。白腹海雕翼展可达2米，体重3千克到5千克，成鸟黑白配色非常好辨认，飞起来像激荡起的白色浪花。

不同于深圳其他雕——每年来过冬的乌雕、白肩雕，白腹海雕土生土长，把巢建在深圳海边或者海岛高大的树干上。小雕每天会在直径2米多的“大床”上醒来，尽显雄鹰风范。

印象中的雄鹰都是在雄山峻岭上翱翔捕猎，海上的雄鹰吃什么呢？白腹海雕以海鱼为主食，每天在海面上飞来飞去就是为了寻觅食物。偶尔也捕食爬行动物和小型哺乳动物，澳大利亚曾记录过白腹海雕抓起一只小野猪的画面。别看它长相威武，白腹海雕也是机会主义者，对死鱼、动物尸体来者不拒，毕竟生存才是野生动物第一要义。

大鹏半岛正是海上雄鹰理想的栖息地，提供着丰富的食物和理想巢址。白腹海雕在我国只在南方沿海有分布，大鹏半岛正是它们为数不多的重要栖息地。

展翅翱翔的白腹海雕
陈俊兴摄

大鹏半岛的白腹海雕
陈俊兴摄

豹猫（国家二级保护动物）——为你修一座桥

一种与家猫体型相当的小型野生猫科动物生活在深圳，尤其是大鹏半岛丰富多样的生态环境中。这种样貌可爱但实则凶猛的小兽就是豹猫。

豹猫全身遍布褐色斑点，与豹子的花纹相似，面部酷似家猫，但眼周白色，耳背有着野生猫科动物常有的醒目白斑。豹猫擅长爬树捕捉鸟类、小兽和爬行动物，又能涉水抓鱼和水鸟，可谓是全地形制霸，无愧于猫科动物天生为捕猎而生的非凡身姿。

但是，与人共处也有烦恼，有时可能是致命的——野生动物还没能进化到适应宽阔的马路和飞快的机动车，“路杀”并非人们的本意，但动物命丧车轮的惨剧确实一次次令人痛心。大鹏半岛的答案是——为你修一座桥！

驾车从坪西路进入南澳，你会发现在一座桥飞架南北，上面却没看到行人或车辆。这座桥就是“七娘山节点生态恢复工程”，为了保护以豹猫为代表的大鹏半岛目标物种，减少路杀现象而修建的深圳首条野生动物保护生态廊道。

如果你在半岛行走时看到一只忽闪着眼睛的豹纹小猫，也请你对它怀着善意，祝福它在大鹏平安快乐。

大鹏半岛的豹猫
五十摄

黄胸鹀（国家一级保护动物）——金色稻田使者

在广东一带，黄胸鹀这种麻雀大小的鸟儿会在禾田抽穗扬花之际集群活动，寻觅谷物和草籽果腹，因而被称为“禾花雀”。曾经，在秋冬稻谷成熟时，禾花雀会成千上万只聚集于农田，在人们自己还难以温饱的年代自然被视为一害，加上本身又是动物蛋白来源，继而被农民自发大量捕捉食用。

当人们温饱问题解决后，黄胸鹀又被当作野味受到追捧，以营利为目的的捕杀更加疯狂。直到发生十年间保护等级三连跳——2008 年，黄胸鹀被国际自然保护联盟列为“易危”，2013 年，黄胸鹀被列为“濒危”，等到 2017 年，已经被列为“极危物种”。人们这才惊觉曾经铺天盖地的小鸟也会有一天难觅踪影，稻谷成熟时，前来的禾花雀却寥寥无几。

如今，拒绝食用野生动物已经成为大多数人的共识，食用野味现象有了很大改观，这种像稻谷般金黄的小鸟也被列为“国家一级保护动物”严加保护。但黄胸鹀的命运依然扑朔迷离。

种群衰退的原因除了捕杀还有栖息地的减少。深圳人有多久没有闻过稻香了？城市化进程让田地结构改变，深圳早已没有了农村地区，也就少了黄胸鹀的食堂。

可喜的是，大鹏半岛的众多古村还有些零碎的稻田，中国农业农科院的试验田也为黄胸鹀留下了一块可以饱餐一顿的宝地，让人们得以观赏金色的小鸟在金色稻田中闪动的美丽景象，那是属于秋冬的感动。

只可惜，目前观测到的数量也还较少。未来还能在深圳看到成群的黄胸鹀飞行觅食吗？每个人都从自身做起，对野味说不，黄胸鹀的未来也许就能依然金光闪闪。

禾田里的黄胸鹀
杨兴斌摄

红脚鲣鸟（国家二级保护动物）——长着大脚的海上来客

人们最熟悉的鸟儿莫过于那些与人类相伴的——草坪上的乌鸫、天上的黑鸢、树梢上的红耳鹎……

而在广阔的海面上，有一些鸟儿远离人群漂泊，因而不为人知。它们属于大海和岛屿。

红脚鲣鸟就是一种大型海鸟，翼展可达一米多，长着宽大带蹼的脚掌，身披白色或褐色的密实羽毛。鲣鸟的这一身是为了海上生活装备的，能让它们像子弹一样冲入海面潜水抓鱼。大脚掌繁殖期还可以用来给卵传输热量，只是在陆地行走时难免显得摇晃笨拙。它们喜欢热带海洋，春季集群在热带海岸或海岛上繁殖，我国西沙群岛曾经就有密

集的红脚鲣鸟巢穴。深圳海边是年轻鲣鸟游荡探索的区域之一，也有些个体因为台风等原因光临深圳，深圳人的善意是它们在陌生他乡的守护。

今年 8 月，一只红脚鲣鸟落在了深圳一艘船只上，看起来没有外伤但消瘦虚弱，停留不愿飞走。人们赶快联系深圳市陆生野生动物救护和疫源疫病监测站救助这只海上来客。在工作人员的细心呵护下，一个月的时间，这只红脚鲣鸟体重从 400 多克增长到 800 多克，身体足够健壮来迎接海上风浪。经过专业评估，于 9 月 27 日在大鹏半岛西涌沙滩放飞，重回大海。

缅甸蟒（国家二级保护动物）——拜见蛇王

缅甸蟒是亚洲热带亚热带地区的大型蟒蛇，也是我国唯一一种蟒蛇，体型最大的蛇，成年体型平均 7 米长，体重可达 91 千克。在南方山林里可以说没有人类以外的天敌。

它没有毒牙，而是利用周身棕褐色的云状大斑隐藏自己然后伏击猎物，利用热感应和舌头感知猎物并迅速咬住然后利用身体优势进行绞杀。

缅甸蟒其实是个害羞的大家伙，绝不想与人正面冲突，幼体更是弱小可怜又无助，对人可没有一点小心思。

雌性缅甸蟒体型相对更大，它是温柔的好母亲。蟒妈妈通常会诞下 12~36 枚蛇卵，并以自身肌肉的震颤产生热量温暖蛇卵，并保护卵直至幼蛇破壳后才离开，幼蛇则蜕去胎皮后离开蛇窝独自生存捕食。

如今，缅甸蟒是国家二级保护动物，在大鹏的山水间保存了不少的个体，还偶尔因为出现在人类家居旁而上新闻。如果在居民区遇到这位蛇王，请拨打 119 或者深圳市野生动物救助电话：23737770，让专业人员把蛇王请走就好。如果在野外偶遇，就互不打扰，祝它蟒生安好吧！

香港瘰螈（国家二级保护动物）——深圳唯一的蝾螈

很多人都见过“六角恐龙”的可爱图片，甚至饲养过。“六角恐龙”其实是一种性成熟后保持幼体形态的蝾螈。深圳也有一种蝾螈——香港瘰螈，幼年只有一两厘米，像“六角恐龙”一样有外露的鳃，用于呼吸。成年后约 14 厘米常，身体深咖啡色在水中完美隐身，腹部则长着橙色的斑纹用于求偶和恐吓天敌。

香港瘰螈以水中鱼虾及昆虫等小动物为食，对水质相当挑剔，喜爱清澈有石头掩护自己的山涧。

柔软的身体让香港瘰螈在求偶时有很大的发挥空间，雄性会靠近雌性然后把尾巴弯成 S 形不断扇动，引起雌性注意后再慢慢接近触碰。

求爱现场也可能变得一片混乱。如果好几个雄性香港瘰螈都想向一位雌性示好，霎时间就会剑拔弩张，雄性扭打一团毫不手软。幸好，只要伤口不太严重，香港瘰螈的断肢还能长出新的来。

如果感情进展顺利，春季香港瘰螈会在水里的植物叶子上产卵，它将两片叶子叠到一起，将卵产在叠起来的夹层处，像给两块面包之间抹果酱一样。

香港瘰螈产卵
五十摄

大鹏半岛有多处香港瘰螈栖息地，最容易观察的一处就在大鹏半岛国家地质公园内。得益于多年严格的生态保护，地质公园内的溪流清澈见底、水草丰茂，正适宜香港瘰螈居住。游客站在溪边就能肉眼观察到香港瘰螈，携带望远镜或长焦相机会观察得更清楚。记得要听从管理，保持距离不下水，为了深圳唯一的蝾螈的健康，也为了自己的安全。

五十摄

紫纹兜兰（国家一级保护植物）——深山有幽兰

芬芳端庄的兰花在中国文化中有着很高的地位，古人认为兰花空谷幽放，孤芳自赏，香雅怡情，是为花中贤达。温暖多雨的深圳正适合兰科植物生长，在七娘山的深山密林里，就隐居着国家一级保护植物紫纹兜兰。

紫纹兜兰是深圳唯一一种兜兰，为什么叫兜兰？看它像个口袋一样的紫红色囊状唇瓣就知道了。兜兰还被叫作拖鞋兰，也是取自它有趣的唇瓣形状。

紫纹兜兰的花期通常在 10 月到次年 1 月之间，开花时非常醒目——中萼片以白色为底色，上有明显紫色斑纹；花瓣紫红色或浅栗色而有深色纵脉纹、绿白色晕和黑色疣点；唇瓣紫褐色或淡栗色。

非花季的紫纹兜兰低调很多，但叶片上独特的网格斑也在提醒着它的不平凡。兰科是世界第二大植物家族，全世界约有 20000 种兰花，中国又是兰科植物最丰富的国家，约有其中的 2000 种，爱兰赏兰古已有之。然而，人们对兰花的喜爱也给这种“花中贤达”带来灾祸。兰花爱好者对稀有兰花的追逐推高了野生兰花市场价格，炒作最热时一株兰花拍出了 2000 万元人民币的天价。在巨大的利益驱使下，许多人走进深山采挖兰花贩卖，在破坏了野生兰花植株的同时对兰花栖息地也造成严重危害。兰花炒作热降温后，天价兰花不再，但各地野生兰花还是面临着盗采盗挖的威胁，大鹏深山里的紫纹兜兰也曾遭到过毒手。

2020 年 7 月 9 日，国家林业和草原局、农业农村部发布通知，对于《国家重点保护野生植物名录》公开征求意见。修订后的《国家重点保护野生植物名录》共收录 468 种和 25 类野生植物。新增的名录中，最多为兰科，高达 104 种，占 1/3，可见保护兰科植物的重要性。2021 年 9 月，新版《国家重点保护野生植物名录》正式发布，紫纹兜兰被列为国家一级保护植物，在更严格的法律保护下，希望它们能长久地安然隐居山中。

紫纹兜兰紫红色的囊状唇瓣
王晓云摄

爱兰别碰兰，不然可刑了！
《刑法》第三百四十四条

【危害国家重点保护植物罪】

违反国家规定，非法采伐、毁坏珍贵树木或者国家重点保护的其他植物的，或者非法收购、运输、加工、出售珍贵树木或者国家重点保护的其他植物及其制品的，处三年以下有期徒刑、拘役或者管制，并处罚金；情节严重的，处三年以上七年以下有期徒刑，并处罚金。

珊瑚生活秘史

珊瑚是一种动物。

珊瑚是一种动物，这并不是一种常识，甚至听起来有些怪异——沙滩上捡到的珊瑚硬邦邦，像富含孔洞的石头，怎么会是动物呢？

很多人印象中的珊瑚准确来说是由造礁珊瑚的珊瑚虫不断堆积碳酸钙而形成的堡垒残垣。那么珊瑚到底是什么，又是怎样生活繁衍的呢？

早在5亿年前，珊瑚就已经生活在浩瀚的大海之中，是一种非常古老而又原始的动物，珊瑚属于腔肠动物门中的珊瑚虫纲。绝大多数的珊瑚是以群体形式存在，由许多珊瑚虫手拉手抱团在一起再合力吸收海水中的钙和二氧化碳然后分泌碳酸钙形成珊瑚礁。

靠近珊瑚观察，珊瑚虫小的直径只有1毫米，大的达数十厘米，大小相差几百倍。形态也有很多变化。很多珊瑚虫还是夜猫子——白天只露出含色素的组织以吸收阳光，夜幕降临，用于捕食的触手就伸出来了。触手过滤着海水，从中获取细小的浮游生物。

珊瑚是会打架的！

人眼辨别珊瑚，主要用通过珊瑚群体的形态，珊瑚有，分枝形、叶片形、板叶形、团块形、表覆形和游离形等，除了典型的造礁珊瑚，还有非造礁珊瑚，也就是软珊瑚。珊瑚千奇百怪，既然是由活跃的珊瑚虫聚集而成，那就可能会有纷争。

珊瑚打架方式有两种：一种是利用触手发起进攻；另一种是释放毒素。

珊瑚的一些触手就是用来干架的，含有大量的刺丝囊，能够伸出去很远，当两种珊瑚遭遇，想要霸占地盘的一方就会把攻击性触手伸出去，向隔壁的其他珊瑚释放出化学黏液，引起感染，接着烂掉，如果整株珊瑚死亡，地盘就归入侵珊瑚了。

还有的珊瑚，如皮革珊瑚和麦穗珊瑚，会“投毒”，往水里放碳水化合物，让附近的其他珊瑚不好过。

当然，在广阔的大海里，这点争斗其实不算什么，珊瑚打架并不会让珊瑚大规模死亡，气候变暖、化学污染和人为损毁才会。

深圳海域的大片珊瑚礁翼形蔷薇珊瑚
广东海洋大学深圳研究院

珊瑚生活记录

扁脑珊瑚夜晚发光
黄宇摄

腐蚀刺柄珊瑚和小星珊瑚抢地盘
黄宇摄

霜鹿角珊瑚产出配子
黄宇摄

正在无性繁殖的珊瑚
黄宇摄

珊瑚怎么生孩子?

珊瑚虫分泌碳酸钙形成珊瑚礁的同时，也把自己固定了起来，那么当它们需要完成“虫生大事”——繁衍的时候怎么办呢?

珊瑚不需要去约会对方，繁衍方式分为有性繁殖和无性繁殖。有性繁殖的珊瑚会产生配子排到水里，配子含有精子和卵子，然后随着海流漂浮遇到其他配子进行体外授精，形成受精卵，接着生长发育为浮浪幼虫。幼虫需要在几周之内找到合适的固着基地，然后固着发育成珊瑚虫，开始它们的定居生活。如果没有合适的固着基地，受精卵就会成为其他海洋动物的美食了。

无性生殖的珊瑚生活就简单得多，自己分裂一出芽一断裂，就完成了“虫生大事”。

团块角孔珊瑚
海洋大学深圳研究院

培育珊瑚“小苗”的底托
广东海洋大学深圳研究院

在珊瑚礁上布样带
广东海洋大学深圳研究院

广东海洋大学工作
人员布置珊瑚苗圃

保育珊瑚，“海底种树”

珊瑚的美丽无须多言，作为一种有机宝石，一些种类的珊瑚从古至今都受到人们追捧。

随着生态意识的增强，人们渐渐发现，珊瑚之美不应该是橱窗里展示的残骸，而是海洋中生机勃勃的珊瑚礁。珊瑚礁被喻为“海底热带雨林”，虽然只占海底面积很小的一部分，却能为上万种海洋生物提供生存所需的环境。小至蠕虫、软体动物、小丑鱼，大至海龟、海豚、鲨鱼，都离不开珊瑚礁。珊瑚礁就像热带雨林一样，维持着海底世界的生物多样性。

珊瑚礁如此重要，但气候变暖、海洋污染、不可持续的捕捞作业等因素却在威胁着珊瑚礁的健康生长。除了减少对海洋的破坏，保育珊瑚还可以有一种思路——珊瑚被破坏了，我们就再种一些。

种植的珊瑚主要是无性生殖的珊瑚，过程颇像种树扦插：把合适的珊瑚枝摘下来，分成小枝放在珊瑚杯中，然后固定在类似苗圃的架子上，等培育好后再移植到海床上。有钢钉种植法、胶泥种植法、钻孔种植法等。

事实上，深圳就处于太平洋和印度洋交汇处——珊瑚礁大三角的北缘地带，在深圳进行珊瑚礁生态修复，有很大的天然优势。2022 年年底，全国首个以珊瑚养护为主题的大鹏湾国家级海洋牧场将在深圳开建。通过投放人工鱼礁、增殖放流等修复珊瑚礁环境。未来，也许我们也能在家门口看到巨大的珊瑚礁，它们五彩斑斓，鱼儿畅游其中。

03

行走自然步道

大鹏半岛是个适合慢慢走
细细看的地方
用脚步感受它，你会发现更多

鹿咀海岸线
吕牧华摄

登七娘山大雁顶

沉浸自然　用双脚丈量半岛

每逢节假日，在大鹏半岛的山海之间经常有这样一行人：身着轻便鲜艳的户外装束，背着水壶拄着登山杖，身姿挺拔脚步坚定。

这些徒步爱好者不畏惧烈日和高山，一心往更高更远的风景前进，旁人看起来仿佛是自讨苦吃。而他们却说，沉浸于大鹏丰富的自然美景中，是他们的快乐之源。

我们找到了户外团体“华山会”的徒步爱好者小韩，平时对着研发难题“996”的他，在宝贵的星期天选择早出晚归去半岛行走，一天几十千米甘之如饴。

合影

《自然深圳》：

请先跟读者做个自我介绍吧！

小韩：

大家好，我们是户外民间团体“华山会”，成立三年，成员都是科技厂商员工，工作之余不定期自发组织徒步活动。

《自然深圳》：

您自身的职业是什么？

小韩：

研发人员。

《自然深圳》：

您为什么会乐意在休息日徒步登山“虐”自己呢？

小韩：

我玩户外有四年了，一开始是朋友约爬山，出于好奇就去了。体验了一次发现在山里走一天，身体会劳累，但心理上是能够得到放松的。这种放松跟在家迷迷糊糊睡一天不一样，在大自然中看着蓝天、森林，摸一摸溪流，会有一种一周的压力被清零的感觉。第二天上班神清气爽。这样是会上瘾的，慢慢对周末的期待就是出去徒步。

《自然深圳》：

四年来，徒步的方式有没有什么变化？

小韩：

喜欢的线路会一去再去，如七娘山大雁顶，一年不同时间都会去，去得多了就会注意到景色的变化，留意沿途的花草、小动物之类的。

《自然深圳》：

您提到七娘山去过很多次，为什么会喜欢这条线路呢。此外大鹏半岛还有哪些线路您会推荐读者去？

小韩：

七娘山大雁顶是深圳第二高峰，有一定难度，但走起来会比较过瘾。比起深圳第一峰梧桐山，七娘山又多了海的元素，看着蔚蓝的大海行走，确实心情更好。七娘山游客也没有市区的山那么密集，更有野趣，本身火山地质又很奇特，每次去都能发现一些有趣的怪石。

除了登顶七娘山这条线路，经典的东西涌穿越也是我很喜欢的一条徒步线路。沿着海边走，山势逐渐险峻，天气不同海水颜色看起来也会有变化，去多少次都不腻。还有被称为最难攀登的“排牙山”，景色很好，但是新手不建议去，需要一定的体力，也比较陡峭。

七娘山像大猩猩的岩石

小韩与海边漂流的露兜树果实

和同伴完成徒步线路后拿到奖牌的合影

远望七娘山脉
吕牧华摄

大鹏半岛环境友好徒步 Tips：

第一，除了脚印什么都不要留下，记得要贯彻“无痕山林”理念，把食品包装袋、废弃口罩等垃圾带走妥善放入分类垃圾桶，建议带个垃圾袋。

第二，花草可爱不要攀摘，多用相机记录美好，不要砍伐、采挖任何植物，更不要伤害偶遇的野生动物。半岛生态需要您的呵护！

第三，留心沿途动植物，多观察多研究，在行走中增进对大自然的认识，真正读万卷书、行万里路。

第四，如有余力可捡拾起沿途垃圾，尤其是塑料垃圾，为野生动物们留下洁净的山林。

第五，理性评估自身体力和线路难度，选择能力范围之内的线路，准备充足。保护好自己也是一种负责任的表现。

徒步带什么？

双肩背包

解放双手容量大！记得选择有一定防水功能的布料。

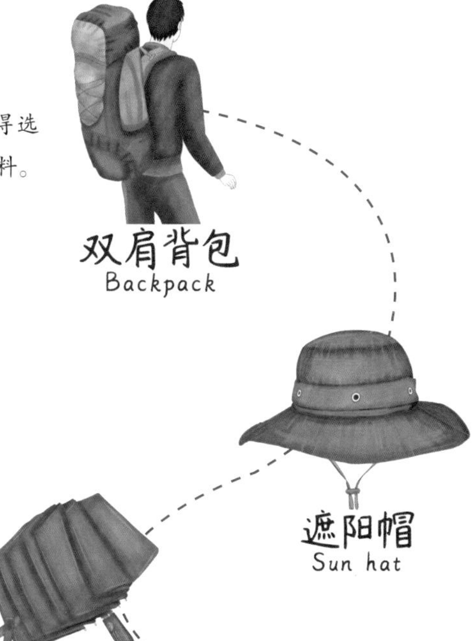

双肩背包
Backpack

遮阳帽
Sun hat

遮阳帽

物理抵御紫外线第一神器。

折叠雨伞

便携不占空间，既可遮阳又能挡雨。不过雷电大风天气不要在野外使用哦！

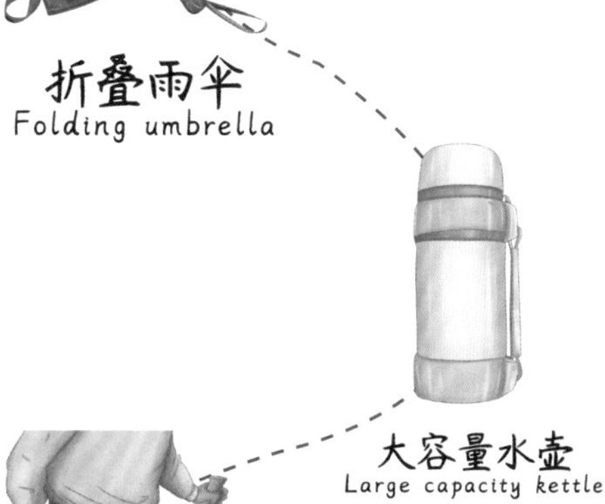

折叠雨伞
Folding umbrella

大容量水壶
Large capacity kettle

大容量水壶

长途跋涉最不可缺水，尤其是炎热天气，失水可能导致严重后果，一定要把饮用水带足。

登山杖 / 护膝

徒步虽有千般好，对膝盖的磨损还是需要注意的，专业的护膝 / 登山杖可以有效保护膝盖。

登山杖/护膝
Climbing stick/kneepad

户外防滑鞋

千里之行始于足下，长期徒步更要把脚武装好。应选择舒适、有一定抓地力、防滑的鞋子，最好有一定的防水透气性。

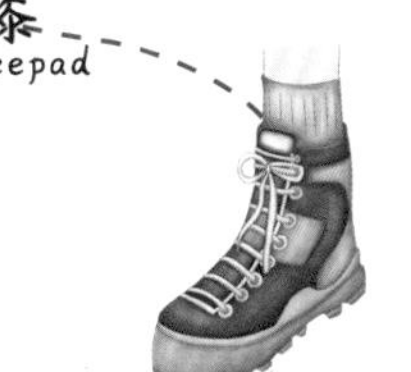

户外防滑鞋
Outdoor anti-skid shoes

大鹿线追逐晨曦

大鹿线，一般指从新大河入海口到大亚湾的鹿咀海岸。鹿咀则是通常人们造访这条生命丰盈的海岸线的最后一站，却又是深圳面向大亚湾的极东地。这是一个极点，似乎大鹏半岛的东与西最后在这里汇成一线。每天这里迎来深圳的第一缕阳光，又能见证日落西沉。

鹿咀海岸线长达 5 千米，背靠七娘山、面朝大亚湾，山海在这里激荡起惊涛，拍打着亿万年前的古地质奇观。

相传鹿咀是因为形似鹿嘴得名，这让风貌奇异的鹿咀多了一丝灵动。从鹿咀到新大河入海口这条步道则有个萌系名字——大鹿线。

如果只是来看看风景，大鹿线的丰饶是无法全面领略的。细心留意，大鹿线沿途设有大大小小的解说牌，走到东山，解说牌会告诉你东山珍珠的传奇，相思林里传来鸟鸣声，看看解说牌上列出的鸟儿能不能对上号？除了实地放置的解说牌，打开微信搜索小程序“鹿咀自然课堂步道”，还有线上导师带你畅游。64 个研习点，讲述丰富的自然知识，也介绍村落的人文民俗。

大鹿线上有哪些好玩的动植物呢？

这条依山傍海的步道，抬头可见高空中翱翔的黑鸢，它们是猛禽，但很少抓捕活物，最擅长捡拾水里的死鱼，所以终日游荡在海边。林子里留意鹊鸲婉转的叫声，

鹿咀自然课堂步道的出发地

看看你分得出雌雄鹊鸲吗？

到了新大河入海口，各种鹭鸟在这里享用红树林的馈赠——埋头捕鱼，泥滩上还可能发现一些小型鸻鹬在挖螺蟹吃。虎头山上更是绽放着桃金娘花朵，秋冬会结出紫黑色的果子。

路遇蜻蜓、蝉、毛虫等常见的小动物，也能从“鹿咀自然课堂步道”的解说中获得新奇知识。更不用说那些古庙古树讲述的厚重历史。

鹿咀自然课堂步道的终点

一片湿地的理想国

一片湿地的理想国应该就是这样，生命缤纷杂陈，戏码轮番上演，犹如一个生命不息的舞台——这个舞台的背景是日月更替、季节更换、潮涨潮落。草木、飞鸟、鱼蟹、昆虫乃至我们肉眼看不到的浮游生物都能在这里找到自己的领地，都在竭尽全力地求生、觅食，寻找猎物、逃避天地、物色伴侣、繁衍后代，上演着永远没有结局的连续剧。

一片滨海湿地的理想国

鹿咀：滨海植物的生存本领

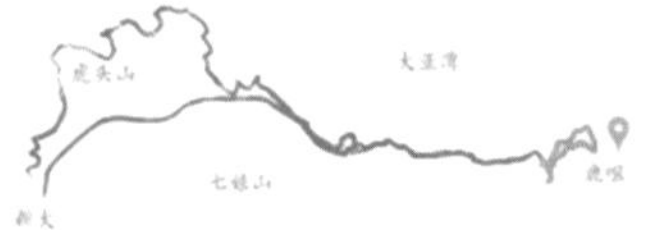

深圳——近 30 年里移民速度增长最快的城市。蜂拥而至的迁徙者、狭小生境中的拥挤，让物竞天择、适者生存的法则在这个城市里达到了极致。

犹如深圳人在饱含磨难的环境中生存，在深圳延绵的海岸线上，生长着近百种滨海植物。从生物学的角度说，每一种能存活到今天的滨海植物都是大自然进化过程中的胜出者。

露兜树

鹿咀：深圳的第一缕阳光

在深圳，人类活动的痕迹最早可追溯到 7000 多年前。这个中国南海边的小地方，经历了沧海桑田的变迁，一代代的生死过客，一次次的朝代更迭。

1979 年，一位老人在中国的南海边画了一个圈，原住民和纷至沓来的千万迁徙者，他们在近 40 年里对这片土地的改变，超过了以往 7000 年的总和。

生命代代更迭，我们终将老去，只有恩泽万物的太阳照常升起落下。它在嘱咐我们：生命苦短，岁月漫长，请善待这片收容滋养了我们的土地与所有生命。

大鹏半岛新年照在深圳的第一缕阳光

鹿咀自然课堂步道
自然课程导赏图

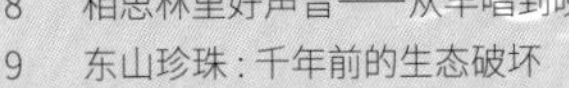

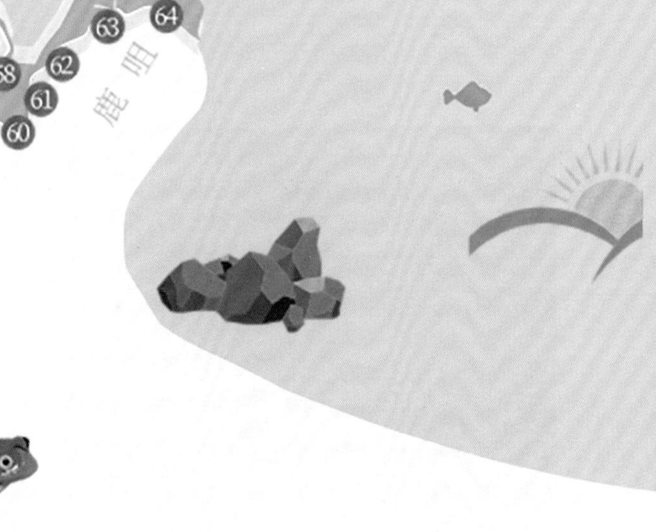

鹿咀

踏浪逐沙滩

用双脚感受大鹏，没有什么比在沙滩漫步更惬意的了。

让海浪轻轻拍打着小腿，让沙粒柔柔摩擦着双脚。沙滩，是让人们与大自然坦诚相待的地方。

深圳的自然沙滩都在东部，其中更以半岛海岸线上最为集中。半岛有大大小小几十个沙滩，其中叫得上名字有些规模的就不下十个。

充满艺术气息的溪涌沙滩是潮人聚集地，帆船运动和音乐节是它的特色；沙鱼涌沙滩讲述着半个世纪前东纵北撤的壮丽故事；较场尾比邻大鹏古城，以特色民宿形成一道活力海岸线；半岛“细腰”处的蓝宝石沙滩，面积不大却有着媲美度假海岛的翠色海水；杨梅坑的细沙与砾石交织，鹿嘴的怪石让它平添一分壮阔；东西涌的白沙滩更不必多言，在这里面对无遮无拦的大海，会对深圳的海洋气息有更深体会。

要从明珠璀璨各具特色的诸多沙滩中排名出冠亚季军，显然只会令人陷入长久的纠结中。但如果向初探半岛海滩的游客推荐上几个，自然会偏爱免费向公众开放、可以畅泳的那些……

沙蟹在海浪间寻觅着食物
陈艺摄

沙鱼涌景区

沙鱼涌景区的丰富值得反复玩味，绵长的沙滩只是它的景点之一。

让我们从景区最外围游览起，葵涌河在这里被复杂的地貌拉住脚步，岩石形成落差造成飞瀑景观，在行走绿道的游人耳

沙鱼涌海滩
李普曼摄

边轰鸣。接着是砾石散落的泥滩，鹭鸟在这里寻觅着美食，小鱼小蟹则忙不迭地设法隐匿起来。

走过蜿蜒的栈道，在醉心游览中不知不觉进入沙鱼涌村。这是个颇具历史的港口渔村，沿途民宿门前的花草和疍家菜的美味会让人不禁慢下脚步。

如果抵制住诱惑执着向前，眼前会出现古朴的石阶，将人引入古树簇拥的山景。浓密的树荫一路遮住游人眼帘，直到某个转角才在林隙中瞥见阳光大海，眼前豁然开朗。

这里是长达 200 米的洁净海滩，有礁石底的透明海水段，也有白浪卷金砂的纯沙滩可供安全嬉戏。“东纵北撤纪念碑”和纪念亭提醒着人们眼前美景在历史长河中的浓墨重彩。

沙鱼涌自古就是一处优良港口，清末时是一处海上通商贸易的交通要道，繁华的商品集散地。抗日战争时期，这里起到了从香港运送华侨捐赠抗日物资的重要作用，建立了承担国际邮件进出的“沙鱼涌邮局”，又由这里转移了香港大批文化界名人和国际友人到东江游击区。抗战胜利后，东江纵队共 2583 人从沙鱼涌登船北上，支持中共中央的战略部署。

尽管有着厚重的历史背景，来到沙鱼涌的游客也不必拘礼。这里对公众免费开放，设置有游客中心、便民服务站等，沙滩划有帐篷区，海域划分了游泳区和海上运动区，让不同需求的游人都能尽兴、安全地享受沙鱼涌之美。

蓝宝石海滩
李普曼摄

蓝宝石海滩

南澳街道三面被大海环绕，蜿蜒的海岸线更是形成诸多波浪和缓的小海湾，也就不乏优良沙滩。南澳第一沙滩洁白绵长，可惜由于没有防鲨网而禁止下海游泳。距离一公里的地方有一处小巧迷人的海滩，没有“第一”的盛名，却是海泳爱好者的小众心头好。

这里不适合小朋友玩沙——海水较深、波动强，成年人游几下就会发现已经踩不到底。但对于资深泳者来说，或是对于浮潜爱好者，这里是深圳难得的好去处。

较深的海水提供了美妙的浮力，置身其中最能感受大海怀抱的温柔。防鲨网也设置了足够畅游的范围，同时保证游客下水不受船只的影响。礁石底则造就了翡翠色的清澈海水，俯瞰蓝宝石沙滩，沙滩的白与礁石的黑形成明暗对比，碧蓝的海在明暗间闪动，让这片海滩别具活力。

活力也来自蓝宝石沙滩富饶的生命，礁石间是鱼儿觅食之处，人在海中畅游，鱼儿也相伴随，戴着泳镜就可观察鱼群忽而转向的灵巧身姿。因此很多人会带着浮潜用的面镜和呼吸管前来，投入其中欣赏。需要提醒的是，蓝宝石沙滩海洋生物丰富，水母也是其中一员。水母的触手上遍布刺细胞，含储存刺丝的刺丝囊。当水母受到物理刺激时，会出于本能在极短的时间内释放出刺丝囊里的刺丝。一旦对人攻击，会造成刺痛和灼烧感，体弱和过敏体质人群还可能有严重溃烂甚至生命危险。

当然，水母是海洋中重要的一类动物，攻击能力是它的生存技巧。我们只能多加防护，小朋友和过敏体质人群要更加谨慎，尽量穿着防水母的长袖长裤泳衣，一旦被攻击要及时处理。

认识大海中的凶险，也是踏浪逐沙滩的必要一课。

沙鱼涌海滩
李普曼摄

探访坝光自然学校

在深圳与惠州交界处，一条绵延的海岸线串起了盐灶古村、红树林、古树群落、潮间带等丰富的滨海景观，这里就是坝光，资源之丰富多样在深圳独一无二。

坝光在深圳很多人眼里带着一丝神秘。坝光的沙滩上有成群结队的小螃蟹和随处可见的花蛤，但坝光为人们提供的可不只这些野趣。

坝光的升级要从 2020 年银叶树湿地园建成说起，把丰富的资源细心梳理，用诗意的步道、栈桥连接起来。紧接着坝光自然学校创建。这所自然学校首先把具象的坝光资源抽象成“山海林河”自然教育体系，规划出海岸潮间带科普线、百年古道山野寻踪线、“坝光记忆”生态廊道线三条精品郊野科普线路。偌大的坝光该怎么走？沿着这几条线路就能探寻最精华的部分。

有学校就有老师，30 人的自然教育队伍，为访客讲解潮间带、湿地、山野、渔村印记四大类自然课程，从自然的角度看待宝藏坝光。老师们会告诉孩子，花蛤不仅能吃，还能净化海水，一枚在海滩上栖息的花蛤比挖出来下锅的花蛤贡献要大得多。

深度探索坝光，你还会知道，这里的古银叶树群是中国保存最完整的一片，而且很可能是世界上最古老的一片群落。最大的一棵古银叶树已经超过了 500 岁，巨大的板根记载着它盘踞海边度过的岁月。树下的泥滩中，招潮蟹和弹涂鱼在窸窸窣窣活跃着。成熟的银叶树果实高度木质化，果外皮具有充满空气的海绵组织，能让种子漂浮在水面上，随着海流漂向远方。

坝光盐灶村后最古老的一棵银叶树已超过 500 年树龄
南兆旭摄

银叶树的板根
南兆旭摄

坝光海岸的红树林
吕牧华摄

村庄红树林与海坝光
吕牧华摄

坝光银叶树湿地园由丰富多样的景观构成
李普曼摄

04
与海为伴重回大海

生命源于海洋，一些人的生活又回归了海洋
他们与海为伴，被海治愈
用身体力行呵护着海洋

东涌海柴角
南兆旭摄

生命从海洋起源，海的记忆还留存在人类基因深处。有一群人，就在大海中找到了归属感，又回到了海洋。

他们在炎炎夏日也穿着厚厚的潜水服；他们中个头娇小的女孩子同样背着重达 30 斤的气瓶在海滩上健步如飞；他们说自己有“蓝瘾”，陆地上待太久就要下海过过瘾。他们，就是水肺潜水员。

到半岛潜水去！

海底世界在很多人印象中是纪录片中深不见底的海沟和遥远的大堡礁，其实，我们身边就有美丽的半岛海域等着人们潜入探索。

大鹏半岛是深圳乃至广东重要的潜水区域，沿岸有多个著名潜点，比如东涌和西涌沿岸，船行 5~15 分钟即可到达潜点，如东涌以东的大排头、东角、三宝石、长角、海柴角，西涌的牛奶排、赖氏洲、黑崖角等。这些潜点以水下礁岩和巨石堆为主，可以观赏上面的珊瑚礁和珊瑚礁间的小丑鱼、海葵等。河豚、石斑鱼、神仙鱼等也是半岛近岸潜水容易看到的海洋动物。幸运的潜水员，也会偶遇魔鬼鱼、海豚等大家伙。

普通人也能潜水吗？除了由专人带领的体验潜水，加入潜水员行列需要进行 3

观赏美丽的海洋生物是潜水一大乐趣所在

天左右的学习，通过考试后取得证书，方可“独立”潜水。“独立”并不意味着独自，持证潜水员根据等级的不同可以潜入水下 18~30 米，为了能够应付海里的各种突发情况，普通潜水员一定要结伴并在熟悉海域的向导带领下潜水。如果有意加入潜水员行列，大鹏半岛的各码头、沙滩都有潜店开设，可以在各社交平台上查找其中口碑较好、认真负责的正规潜店咨询。

潜水员水中的装备

水肺潜水是普通人近距离观赏海底的主要途径

潜水，不仅是好玩而已

成为一名潜水员，意味着从此可以探索海面下的世界。潜入海洋，不仅是一种观赏美景体验浮力的休闲娱乐，更代表着能为保护海洋做更多事情。

很多潜水员在潜水过程中，如有余力，会捡起遇到的塑料包装、废弃渔网等海洋污染物。他们说，当倾心于海底的美丽，那些人为制造的垃圾就变得特别刺眼，让人无法坐视不管。哪怕在岸上，也会不禁提醒游客不要在沙滩上留下垃圾。

还有些潜水员从潜水发展出水下摄影的爱好和技能，醉心于拍摄海底大大小小的生物。陆地上摄影已经是一件颇具技术含量的事，在海洋中边潜水边拍摄除了对器材的要求更高，也需要潜水员有良好的中性浮力来保持稳定。深圳水下摄影“扛把子”王炳老师就是一名醉心水下摄影的资深潜水员。1963 年出生的他，从 2009 年接触浮潜后就在拍摄深圳近岸水下的鱼群、珊瑚，边拍边学习海洋生态知识。2014 年考了水肺潜水证后，更是一发不可收，潜入深海把半岛的海域拍了个遍。拍摄、识别、鉴定，王炳老师乐此不疲，多年积累下，拍摄到涵盖 14 个门 300 多个科的近 600 个物种。拍摄也是记录的过程，王炳老师对海洋生物越来越熟悉，也对半岛这片海的生物分布和变化有了更多了解，为海洋保护和科普工作提供了大量一手素材。

除了背着气瓶的水肺潜水，还有从海面上观察水下的浮潜、不带气瓶依靠自身调节腹式呼吸屏气下潜的自由潜水等方式可供选择。陆地上待久了，试试重回海洋的怀抱吧！

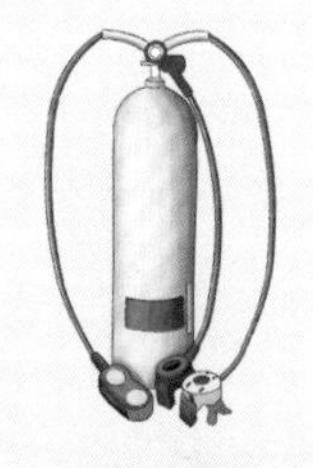
气 瓶
Gas cylinder

气瓶:

水肺潜水的气瓶是不锈钢或铝制的,内部以高压空气填充,最常见的容量是12升,通常能充压到200bar,也就是充入2400升常压空气。下潜越深耗气越快,在海面下10米的耗气量约是水面的2倍,记得经常查看气压表确保有足够的空气哦!

面镜和呼吸管
Mask and snorkel

面镜和呼吸管:

潜水面镜与游泳眼镜一样可以方便使用者在水下睁开眼睛,也能够在强压下保护眼睛。此外,潜水面镜视野更大,可以更好地观赏海底。更重要的是,潜水面镜会连鼻子一起罩住,以防鼻腔进水。

浮力调整装置
BCD

浮力调整装置:

浮力调整装置能帮助潜水者在水中实现上升、下降。通常分为背囊式BCD、背心式BCD以及系统式BCD,背心式是休闲潜水最常用的样式。由一级头、二级头、备用呼吸器、低压管组成的调节器也会固定在浮力控制装置上。

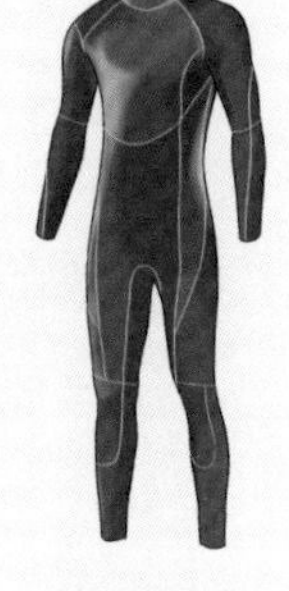
潜水服
Diving suit

潜水服:

水下阳光难以照射到,随着下潜变深气温会越来越低,长时间水下活动就需要穿着能够隔水的潜水服来保暖。温暖天气潜水穿着市面上主流的3毫米和5毫米厚度就基本能满足需求。

脚 蹼
Webbed feet

脚蹼:

潜水脚蹼的作用是为潜水员提供前进动力,脚蹼宽大的面积能增加脚掌打水的面积、更快前进,这是像水鸟学习的呢!

在大鹏半岛的海上冲浪 ①
李普曼摄

冲浪手的浪漫半岛浪人情歌

在深圳这座以年轻著称的城市，冲浪这项小众运动能够落地生根一点都不意外。

冲浪发源于夏威夷，早期，当地人们在大浪时来到海边，用短而窄的阿拉亚浪板（Alaia）或者较长、较重的欧罗浪板（Olo），赌谁能够驾乘到最大的海浪并停留最长。这项带着海洋气息与嬉皮气质的运动对于中国人来说一度很陌生。

当一些“吃螃蟹”的国人在海外体验了冲浪后，深深为这项运动的自由、阳光、活力所折服。他们回到深圳发现，大鹏半岛有 133 千米海岸线，东涌和西涌是全年可玩的冲浪点，深圳人何不玩起来？

如今东涌遍布着大大小小的冲浪店，很多店主都是早期的“深圳浪人”。他们原本做着办公室工作，抱着冲浪板下了海，就转而过起了伴海而居的生活。如今主理着冲浪俱乐部的 Leon 回忆，2012 年他在巴厘岛接触了冲浪。回来深圳到处找冲浪点，寻觅到东西涌，看到几个“老外”在玩，兴奋的感觉溢于言表，随即加入进去。

早期深圳学冲浪就像夏威夷的先驱那样，拿块板子下海，没有老师可拜，就同伴间交流技艺，在好胜心的驱使下向着更大的浪挑战。

随着越来越多人踏上浪尖，半岛东西

在大鹏半岛的海上冲浪②
离岸风摄

以防晒为主的冲浪用品

在大鹏半岛的海上冲浪③
李普曼摄

涌海滩俨然已经成了国内冲浪的一大地标。2017 年，东涌海滩举办中国冲浪冠军巡回赛既“大鹏杯”冲浪桨板赛，更是把半岛冲浪文化引入了主流视线。

但彼时，冲浪还是属于少数弄潮儿的领域。直到 2020 年潮流明星参与的冲浪生活体验清凉综艺《夏日冲浪店》热播，冲浪一时间变成年轻人纷纷追逐的时尚运动。如今，只要天气允许，每天在东西涌海滩都能看到不下十余位冲浪手在海浪里翻腾，不管新人还是老手，在大海里都能找到快乐。冲浪店主表示，节假日甚至有整个办公室结伴来冲浪作为团建方式。

现在东涌海滩有超过十家冲浪店，为游客提供冲浪板租赁、冲浪教学、民宿餐饮等服务。现在去半岛学习冲浪不必再像早期在海浪上自己摸索，有成熟系统的课程可以好好感受这项海洋运动的魅力。

冲浪手们喜欢把自己叫作“浪人”，冲浪不仅是一种运动，更是冲浪手们的标签和生活方式。半岛的冲浪文化正在兴起，那些清新休闲的装潢、阳光热烈的比基尼、色彩缤纷的冲浪板，都在引诱着人们奔向海边，把皮肤晒成无拘无束的古铜色。

本文特别鸣谢：离岸风冲浪、浪神冲浪俱乐部

OFFSHOREWIND

“第一次接触 Hobie 帆船的时候，海面平静，阵风在水面上压出深色的痕迹，船速飞快却平稳，船尾舵叶和水摩擦出类似于引擎的声音，船体随着阵风轻盈地浮升起来，感觉我的心也跟着一起漂浮在海面上，我所有关于大海的快乐记忆也是从那个时候开始的。”

资深帆船教练大河回忆起第一次接触双体无动力帆船，献上了一段充满诗意的文字。相比在海上轰鸣的摩托艇、游艇，帆船则更像是一种融入而非征服大海的方式。一根绳子控制前帆、一根绳子控制主帆，船尾的舵控制方向。因为结构简单，双体帆船船体非常轻盈、易于搬运。26 岁的帆船教练罗本鑫说，学习帆船最初的动机，就是好奇如何只用两根绳一个舵让船乘风破浪。

阳光、健康、自信是帆船运动的气质。帆船靠风行驶，自然界的风不会一成不变、甚至难以预测。水流会影响船速，场地的

冲浪店内的主题杂志与滑板

色彩缤纷的冲浪板

不同位置、风力风向都会让航行充满变数。在学习帆船的过程中，需要感受海流与风的走向，打开感官，综合运用智力和体力，找到最有利于自己的航线，人船一体相配合在海上找到一条航道。

坐拥海洋资源的半岛自然是深圳玩帆船的大本营，在大鹏海域的帆船运动除了前面提到适合一家人驾驶的双体帆船，还有龙骨大帆船、适合青少年的稳向板小帆船等。此外还有适合成人学习的皮划艇、桨板、帆板运动，以及水翼帆板等水上运动项目。

目前帆船运动还不够普及，但已有越来越多的深圳人爱上帆船。中国家庭帆船赛保利深圳站连续三年在大鹏溪涌海滩扬帆，这里也走出了不少优秀的帆船选手，比如中国第一批独自驾驶 OP 帆船完成离岸夜航挑战的 13 岁少年。

本文特别鸣谢：海阔体育

园

深圳被称为千园之城，光明区面积不到全市的 1/10，却是深圳公园最多的一个区，全区有近 300 个公园（截至 2020 年年底建成的公园有 260 个）。到目前为止，光明基本实现“城在园中，园在城中”。

光明是深圳田园生活的代名词，乳鸽飘香、奶供万家，瓜果米蔬中留存着深圳味道；它又是高起点强势亮相的科学城，高校与科研机构林立，走在科技前沿；这里水系丰富，也有足够的魄力把黑臭水体变碧波；它青山层叠，不乏人类的“网红打卡处”，也是稀有动物的隐居家园……

在 2022 年中国生态文明论坛年会上，光明区生态环境保护委员会办公室获评第三届“中国生态文明奖先进集体”。此前，光明区已先后获得“国家生态文明建设示范区”“国家绿色生态示范城区”等 9 项国家级绿色发展荣誉称号。

光明专栏将带你畅游茅洲河，近距离观察水蕨；深入大顶岭山林中，与仙八色鸫亲近，探寻豹猫家族和果子狸的踪迹。在光明体验轻快明媚的生活，万物可爱，大放光明。

01
都市田园诗

农场中的光明记忆

城市天际线交织成深圳现代产业的高光，这是深圳最为人所知的都市风景。而连很多深圳人也未必知道的是：在深圳西北部，曾有一段农场中的辉煌历史，其中蕴含着艰苦岁月里的奋斗精神，也是深圳人对自然环境早期的规划和改造史。时过境迁，农场记忆留存在小小的牛奶瓶里，也化作光明满街的乳鸽飘香，也在如今的“光明农场大观园”中的欢声笑语里延续。

时间回到 1957 年，彼时距离光明新区成立还有 50 年光景，正式获批光明行政区则要再等上十多年，甚至光明之名还没有在这片被戏称为深圳“西伯利亚”的土地上出现。放眼望去，这处深圳西北角除了寥寥村镇就是山野河湖，杂草在荒地丛生，地多人少。来自广东省农垦厅的一行人却从荒凉中看到了大干一番事业的沃土，在当时的宝安县委支持下，逐步勘测、规划出一片希望的田野。1958 年，“光明农场”正式成立。

光明，取自“光荣”的“光”字与“公明”的“明”字，前者点名了农场所肩负的供给香港地区农副产品这一光荣任务，后者则是农场所在地当时所属的“公明区”之名。光明二字不只指代农场，也预示着这片土地，从此将大放光明。

光明农场

光明农场是一线城市中少有能接触奶牛的场所

牛奶瓶中的拓荒史

在《寻找光明记忆：农场往事》一书中，原光明农场党委书记梁鉴时老人回忆农场创立之初的艰苦和火热：农场创立后的很长时间，一行人都是暂住在牛棚里。当时的牛棚有一间砖瓦房，几个人就用木板搭建阁楼，临时安家。

就在这样艰苦的环境中，农场开创者们有的是一腔把荒地变良田的冲劲，积极开荒、种粮食蔬菜、养猪养牛。尽管成立后不久就遇到三年困难时期，光明农场还是填饱了人们的肚子。熬过黎明前的黑暗，农场逐渐站稳脚脚跟，稳步发展。

1973 年，当时的国家副主席王震到光明农场考察时，鼓励农场发展奶牛养殖产业，并赠送了农场 5 头优质奶牛，光明农场的奶牛养殖业由此发源并不断扩大。

1975 年，农场开始生产鲜牛奶供应香港地区，奶牛数量有限，挤奶也全靠人工，因而产量还比较少。

1978 年，光明农场从上海引进奶牛，扩大了奶牛养殖规模，但挤奶、装瓶等工作还是依靠人工。向香港出口的瓶装鲜奶被命名为“珠江桥”牌。

随后，农场又引进了更高产的荷斯坦奶牛，“光明奶品加工厂”粗具规模。瓶装奶的加工制作由人工转向机器自动化，还具备了奶制品的加工能力。1980 年，农场鲜奶产量 2363 吨，出口瓶装奶量 1548 吨，产值 100 多万元。一个个小小的牛奶瓶从生产线上被忙碌运送，农场为深圳带来了实实在在的巨大效益。

1984 年，“光明奶品加工厂”成功注册“晨光”商标。在 1985 年香港食品会展上，香港总督称赞晨光牛奶是对香港最实质的贡献。牛奶瓶里不只是一杯奶更是“优质出品”的深圳名片。

游人体验饲喂山羊

随着内地对奶制品的需求增大，光明农场出品的“晨光”牛奶开始面向本地市场，除了出口创汇更滋养了几代深圳人，标志性的红色商标成为不少人从小到大的陪伴。

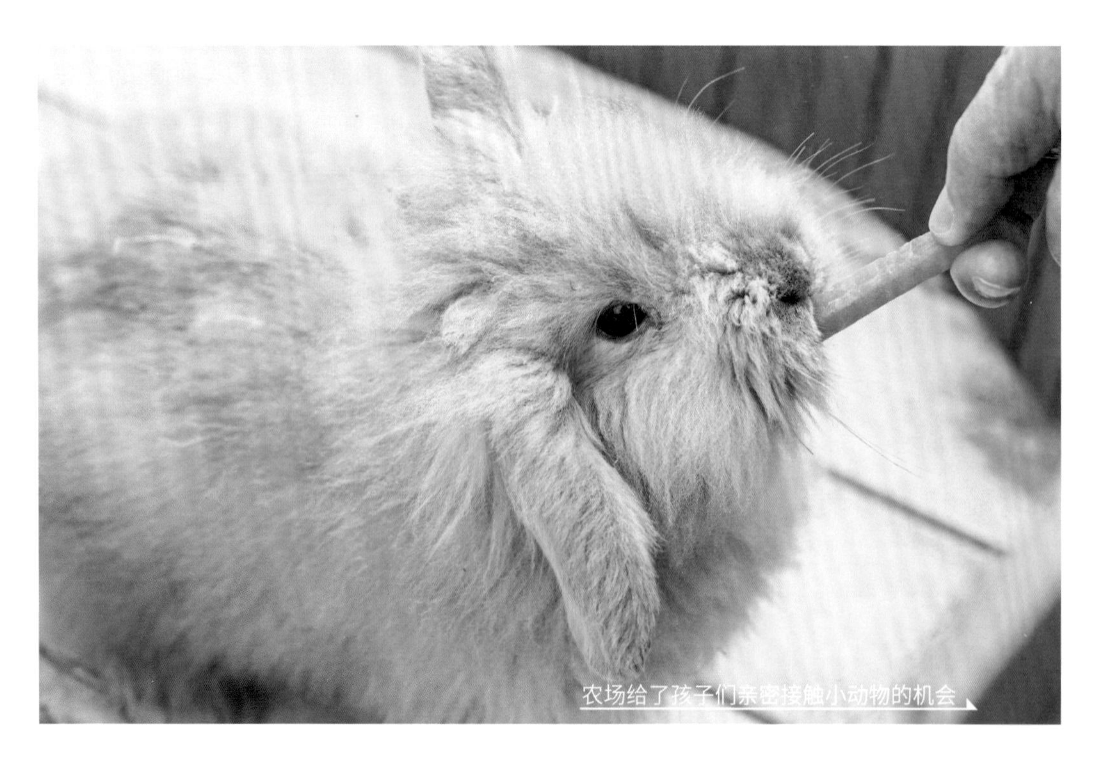
农场给了孩子们亲密接触小动物的机会

小朋友与宠物猪亲密互动

光明农场标志性的奶牛雕

陪伴深圳人的农场“大奶牛”

如今走进光明农场，当年的火热劳作已然不在，现代深圳的经济结构早已改变，高新产业领跑深圳 3 万亿元 GDP，农业则变成了深圳人寄托乡愁、触摸土地、感受自然的媒介。

光明农场摇身一变成了“光明农场大观园”，集农牧业生产、科研、自然生态、农业科普、休闲体验为一体，成为极具特色的现代农业休闲观光旅游区，也是中国内地最早可以让游客近距离参观奶牛现代化饲养、自动挤奶过程，并了解牛奶文化的景点。

如今的“光明农场大观园”共分为“奶牛文化展示区、特种养殖展示区、蚕桑文化体验区、奇异瓜果观赏区、生态果林体验区、农业文化创意区、游乐运动拓展区、农业科普展示区”八大板块。既有传承历史的农业耕作，又有创新开拓的创意文娱，满足不同游客的需求。我们看到，在“奶牛文化展示区”围着很多小朋友，他们表示，最喜欢的还是这里，因为可以亲手给小牛犊喂奶，还能近距离看到牛奶是怎么生产出来的。

在不断完善和运营的过程中，光明农场大观园还顺应游客需求加入了不少新项目。

游人在光明农场体验饲养动物的乐趣

光明农场饲养的羊驼深受游客喜爱

如“火红岁月劳动教育基地”给孩子们留下一片“希望的田野”，在体验田间劳作的过程中感受这片农场曾经的激情岁月。青青草原、花语花田等旅游项目，满足着人们露营、踏青、赏花的需求。过去的农场，担负着填饱人们肚子的重任，今天的农场，则继续滋养着人们的精神生活。

这片土地总是可靠的、宽厚的，在不同时期满足着人们的不同需求，就像门口深受游客喜爱的“大奶牛”，永远面容憨厚，静静地对一批批游客迎来送往。

作为全国第一个没有农村和农民的城市，深圳以高新产业和高度现代化著称。而深圳不为人知的一面是，它还保有着对田园诗的依恋：深圳坚守耕地红线，毫不动摇地坚持最严格的耕地保护制度，在2006—2020年总体规划期间，深圳是全省落实耕地保有量任务情况最好的地市之一。

自2021年以来，深圳各区更是积极开展永久基本农田布局优化工作，其中光明区在全市率先完成了1560亩补充耕地以及2362亩永久基本农田整改补划工作。光明区因耕地保护工作突出、土地节约集约利用成效好，还受到国务院督查激励。事实上，在全国划定的15.5亿亩永久基本农田版图上，深圳的耕地保有量任务为4.03万亩，其中基本农田保护任务3万亩，而光明区就拥有深圳约1/3的耕地面积。

光明的田园已经形成特色农业景观

都市里的梦幻田园

现代深圳是否还需要农田？答案无疑是肯定的。即使经济上早已不再依赖农业，农田的景观作用和观赏价值仍是不可替代的，它像一首田园诗，给忙碌的都市生活带来些许放松。

从光明农场大观园继续向北走，便是华侨城集团以广阔的农田为本底打造的农业主题乐园群落——欢乐田园。占地5236亩的欢乐田园包含了基本农田3103亩，是深圳市单一主体运营中连片面积最大的基本农田区域。

农田对深圳人的意义已经远不止产出

丰收的沉甸甸稻穗

果蔬粮油，徜徉在田园花海中被自然风轻拂的快乐才是都市人无法拒绝的诱惑。走进欢乐田园，迎面是带着青草和稻叶香气的清风，手边是姹紫嫣红的花海，俯身则可采摘艳红的累累果实。

壮观的千亩稻田、千亩油菜既是农业成就也是一道亮丽的风景线。油菜花开成金色海洋之时，城中闻声前来踏青拍花海的人们总是络绎不绝。稻花飘香时，游人纷至沓来，希望在家门口感受歌曲《稻香》中“随着稻香河流继续奔跑”的畅快。据欢乐田园的工作人员介绍，如今欢乐田园种植的水稻多为五彩稻，不仅有抗病性强等优良特性，秧苗、籽粒还可呈现多种颜色，新奇有趣，能够通过设计形成稻田画等景观。“既不耽误收获，又好玩好看。”

还有参与性十足的百亩“欢乐采摘园”，可以组团体验蔬果采摘、农趣等。诱人的草莓、小番茄，各种瓜果蔬菜等，市民都可以在这里观察它们是怎么种出来的，并体验亲手采摘的乐趣，品尝采用绿色、露天、科学的种植方式种出来的优良果实。欢乐田园深耕农耕文化教育，创建了以农业教育为核心的研学体系，先后获得“第六批全国自然学校试点单位”“2020 年度广东省休闲农业与乡村旅游示范点”等多项认证授牌。

稻田丰收季

成长中的光明甜玉米

感受稻香

田园里的光明之宝

尽管欢乐田园的定位为农业主题乐园群落，欢乐之余，“种田”这事儿也没有耽误，而且以高科技、高水平牢牢支撑。

在2022年新认定的《深圳市菜篮子基地名单》中，欢乐田园蔬菜水果基地荣获深圳“菜篮子”基地称号。甜玉米和西瓜、甜瓜等产品，顺利通过“圳品”认证，加入成为深圳本土出品的放心水果行列。

光明出产的甜玉米过去就与乳鸽、牛初乳齐名，并称为“光明三宝”。但在很长一段时间里，面临没人种植的尴尬处境。光明欢乐田园在2020年做出了“重振光明甜玉米雄风”的决定。为了选出口感上佳的玉米品种，光明欢乐田园先后共对60余个玉米品种进行了研究，最后从中选出最优的品种。接着，光明欢乐田园在市、区市场监督管理局的支持下，积极申报和落地深圳市第一批、第二批园区高标准农田改造项目。优化了品种、土壤，还与兄弟企业晨光乳业等进行内外部资源合作，对玉米施用绿色环保的有机肥，严格控制农药的用量。提高种植硬件的同时，欢乐田园大力引进农业领域专业人才，积极促成与中国农业科学院基因组研究所、兴旺种业公司等签订战略合作协议，为“圳品”玉米的优质出品提供了全程保障。

被称为光明一宝的玉米有多特别？工作人员自豪地形容：“生吃都好吃！”

田园与高新大厦相映成趣

欢乐田园出品的甜瓜

油菜花季大批游客纷至沓来

金色田园，未来可期

2020 年，光明科学城规划发布。按照“绿色风、国际范、科技韵”的定位，深圳市规划和自然资源局、光明区政府整合农田、山体、湿地、河流等各类生态要素，确定了光明“一心两区、绿环萦绕”的总体空间布局，打造“一环四廊”的生态骨架，努力建设“蓝绿为底、山水共融”的综合性国家科学中心。

作为科学城的光明一路飞驰，3000 亩基本农田则为光明保留了田园诗的底色。未来，油菜花海与高新大厦相映成趣，高新人才在繁忙之余出门便能踏青寻找诗和远方。欢乐田园集中展现着深圳的发展智慧——始终高度重视生态文明建设和生态环境保护，坚持高质量增长和可持续发展。未来的光明，科技与田园诗交织成歌。

熟透的草莓露出诱人的鲜红

向日葵花海

欢乐田园栽种的观赏辣椒

农田里的自然故事

光明区承载着深圳的田园诗意，不仅牢牢把握住耕地红线，毫不动摇坚持最严格的耕地保护制度，还在维持数量的基础上，努力提高耕地质量。其中，一大举措就是积极申报和落实高标准农田改造项目。

高标准农田是指经过土地整理、改良和配套设施建设等措施，具备较高的生产力、生态效益和抗灾能力的农田。这一标准除了对农田生产力和抗灾能力有要求，还把对生态效益的要求明确提了出来。通过合理的田间管理、农业生态系统设计等措施，提高农田生态系统的稳定性和生物多样性，这样才是符合高标准的现代农田。

是的，农田里也有生物多样性，农田生态系统甚至还是大自然中非常重要的一环。

换个角度看农田

尽管广义上的耕种并非人类专利，但农业确实只在人类这里达到了惊人的规模和专业化。也正是有了农业，人类才开始定居，才有了与畜牧业、手工业的两次社会大分工，并且至今还在支撑着人类社会

黑翅长脚鹬拥有粉红色的醒目长腿

光明区大片的农田为深圳生物多样性做出了贡献

的生存与发展。

农业为人类提供衣食住行的大量基础原料，带来美味的果蔬、五谷杂粮和肉蛋奶……但农田并非脱离大自然存在，甚至就是自然界的重要组成部分。

让我们来换个角度看农田。我们一日三餐常吃的米饭、面条等都来自谷类作物，如稻、小麦、玉米，这些主食原料大都属于禾本科，也就是与河边的芦苇、路边的狗尾巴草是亲戚。它们的祖先就来自大自然，比如稻米来自野生稻，在漫长的历史长河中不断自然演化以及被人类杂交选育，而形成现在风味各异的稻米品种。人类根据自己的需要从野生植物中选取易于种植、口感良好、产量大营养丰富的种类刻意栽培到居住地附近，就是农业的雏形。

大自然中的食物链也必然在农田中存在。在一片稻田中，水里会有螺、水生昆虫甚至鱼虾蟹；水里的小动物则会吸引来水鸟觅食；当稻米成熟，谷粒还会吸引雀鸟来食用植物种子。当然，那些农田“害虫”也是大自然中的一环，昆虫食用农作物、鸟类和一些哺乳动物捕食昆虫，间接也就保护了农作物。

常见的麻雀也喜欢农田

同样喜爱田园牧歌的它们

在欢乐田园的稻田里，就有不少鸟类的身影。

像踩高跷一样的黑翅长脚鹬（Himantopus himantopus）身材高挑，它们可以用大长腿站立在水田中，边蹚水边寻觅其中的小动物。

嘴巴厚重的小鸟通常对嗑开植物种子有一套，其中就包括人类再熟悉不过的麻雀（Passer montanus），当稻穗成熟沉甸甸垂下来，它们就会成群结队前来啄食。也因为此，麻雀一度被视为害鸟受到大规模捕杀，直到数量大规模减少后人们才发现，雀鸟吃稻谷也能大量捕捉害虫，对农田的裨益其实比害处大。鹀科小鸟也是五谷杂粮爱好者，秋收过后，农田里难免散落一些谷粒，鹀科小鸟和麻雀们就会一起来当“清洁工”，把散落的谷粒清理干净。

嘴上长着尖钩的棕背伯劳（Lanius schach）也喜欢到农田转悠，通常站在树枝上。它们是绝对的肉食主义者，要么觊觎农田里较大的肥美昆虫，要么想着伺机抓获一只石龙子或是小鸟享用。

视线再抬高一些，农田上空可能盘旋着猛禽。比如，喜欢吃小鸟和啮齿动物、蛙类的白腹鹞（Circus spilonotus），它们盘旋在农田上方，用猛禽尖锐的目光寻觅和锁定猎物。

除了擅长飞行的鸟儿，还有陆地水里都能生活的蛙类。“稻花香里说丰年，听取蛙声一片”是对稻田中往往有大量蛙类的真实描写。不少蛙类把农田当作婚庆、育儿一条龙服务站，同时也在农田中大口吞食着飞虫，消灭害虫，算是它们给农田的回报。

农田不仅为人类带来温饱和文明，还维系着万千生灵的生活。一个健康的高标准农田能够为人们带来安全的食物，也能支撑起一个丰富的生态系统。下次去光明的田野踏青赏花时，把望远镜也带上多加观察吧！

黑翅长脚鹬

02

森林与水的交响乐

华侨城光明集团供图

2019 年年底，深圳在全国率先实现全市域消除黑臭水体，比原定的目标时间提前了整整一年两个月。在这场轰轰烈烈的黑臭水体攻坚战中，治理流经深圳西部人口稠密地区的茅洲河可算是背水一战。

茅洲河畔的美景吸引了游人前来写生

如今的茅洲河鹭鸟翩飞
彭欣摄

茅洲河，在清康熙《新安县志》中称之为璧（碧）头河："璧头河，在县西北五十余里，发源阳台、大平障、章阁、莲花迳，诸处合流，经燕村、涌头、舟山，五十余里至璧头，入合澜海。"意思是茅洲河从阳台山发源，一路流淌汇集沿海水系 50 余里入海，可谓波澜壮阔。

这条曾经神采奕奕的大河，在近 40 年的岁月变迁中逐渐面容模糊，甚至一度成为两岸排污的臭水沟，让沿岸居民"不敢开窗"。经过 4 年间多方联合的全力修复和沿岸居民的共同维护，茅洲河终于找回

了当初的水草丰茂、鱼翔浅底的美丽容颜。

当茅洲河“归来”，沿岸风貌也已焕然一新。人类文明总是伴着河流，茅洲河终于又发挥起一条水系的串联作用，串联起景致与家园、自然与科技，一艘艘赛艇在河流中穿梭，激荡起属于活力的水花。在茅洲河碧道试点光明段，“六点六线”空间结构，将茅洲河与沿岸的生产生活紧密相连，沿岸移步换景处处可亲：花海如画的鹅颈水湿地公园成为赏花摄影胜地；作为中科院深圳理工大学过渡校区的滨海明珠，书香与水韵相伴，如河岸镶嵌的智慧明珠；网红 V 字形桥连接左岸科技公园和楼村湿地公园，让游人可以漫步河岸两侧，也让科学城展览馆的硬朗线条与柔和的自然水景观相融合。

赛艇在茅洲河重新激荡
彭欣摄

回归美景的茅洲河成为了赛艇爱好者的乐园
彭欣摄

深圳理工大学
深圳市脑科学技术产业创新中心

坐落在河岸的深圳理工大学过渡校区

滨海明珠

沿河向西北方向行走，滨海明珠是一处独特的景观。当中科院深圳理工大学的师生们徜徉茅洲河畔，很难把眼前花团锦簇、水波荡漾的河景与过去污水横流的工业园联系到一起。

实际上，滨海明珠这一动听的名字过去指的是滨海明珠工业园。在整治之前，园内建筑老旧，厂房产生的污水直排茅洲河，带来严重的污染，扑鼻的臭味让附近居民苦不堪言。通过雨污分流、正本清源、碧道建设等一系列工程，如今漫步滨海明珠感受到的是掠过水面的微风和植物清香。理工大学校园依水建设沿河林荫道、户外讲堂、滨水大台阶和亲水平台，将河道生态与校园环境相融合，形成了开放性滨水校园，成为茅洲河沿岸一颗科技人文与自然风光相映生辉的明珠。

V 字形桥连接起茅洲河两岸风物
彭欣摄

V 桥连两岸

告别滨海明珠继续沿河而上，一处“三角洲”展现在眼前。左岸科技公园正位于光明区茅洲河上游的左岸，是茅洲河碧道工程中最大的节点。基地被两条城市快速路垂直切割，形成三角形的地块。曾经这里遍布着物流仓储的临时用房，水岸被硬质地面覆盖，与河流应有的柔性风貌相去甚远。

在重新规划和改造之下，这里被打造成集科技展览与生态体验交融共生的复合型公园。建筑物、构筑物、市政工程、景观相互关联，具有未来感的展厅如起伏的钢铁山丘在水波与花海间盘踞。展厅里用多媒体手段绘制光明科技城蓝图，展示从信息科学到生命科学的种种科研成果，尽显站在科技前沿的新光明风采。展厅外，游人站在与展厅建筑风格呼应的 V 字形桥上，眼底尽收的则是水草丰茂、水清鱼跃的生机景象。

一水之隔的楼村湿地公园，通过 V 字形桥与左岸连成一片，从左岸移步换景漫步过去，美人蕉花海中展示的是一番别具风格又和谐统一的景致。这里曾是一片荒地，与鹅颈水湿地相似，大片湿地植物是特色景观，又起到净化水质的作用。楼村湿地公园改造项目还是光明区初雨调蓄处理试点工程，以“三水分离、分散调蓄、处理回用”为技术路线，在有效帮助茅洲河治水之余，也为市民打造出一个“治水科普教育基地”，漫步公园能感受到处处是

左岸科技公园的景观休憩处
彭欣摄

左岸科技公园
彭欣摄

俯瞰楼村湿地公园
彭欣摄

楼村湿地公园
彭欣摄

楼村湿地公园的水处理设备
彭欣摄

景也处处有水的治理巧思。

一条茅洲河的兴衰悲喜见证了深圳人环保意识的提高和对水的珍视，也凸显了城市规划与水治理的重要性。当茅洲河回归生机，曾经让居民掩鼻而过的河沟变成全城追捧的“网红”景观，环境的改善人人可感，也人人可享。赛艇的船桨在茅洲河中激扬拍打，沿着这条河，看到一个大放光明的活力新城区。

鹅颈水的花海吸引了大量游人
彭欣摄

鹅颈水湿地公园充满了花香水韵
彭欣摄

鹅颈水湿地公园

鹅颈水从鹅颈水库上游雷公峰发源，一路流淌汇入茅洲河。作为茅洲河一级支流，鹅颈水是影响茅洲河水质的重要源头之一。

如今成为“网红”的鹅颈水湿地公园就在鹅颈水汇入茅洲河的交汇处，过去是一片荒地和苗圃基地，少有游人会想到入内探索。整治开始后，荒地地表被首先进行了清理，土方内部消化打造出地形。污水预处理、潜流湿地、表流湿地三大水质处理区域让汇入茅洲河的鹅颈水在这片湿地进行最后一道污染处理措施，能够有效减少 40%雨水径流污染。

鹅颈水湿地大片的湿地植物发挥着它的净化作用，当水清了、草绿了、荒地变花海、鹭鸟翩翩，这里也成了人们休闲的好去处。

经过改造的鹅颈水湿地公园已成为一片花海
彭欣摄

鹅颈水湿地公园
彭欣摄

茅洲河“宝草”

在茅洲河生态调研中，调查人员在左岸科技公园段惊喜地发现一丛珍稀植物——水蕨（Ceratopteris thalictroides）。

水蕨貌不起眼，却是国家二级保护植物，在深圳较为少见，在茅洲河流域则是首次发现。水蕨属于凤尾蕨科水蕨亚科，是一种一年生的蕨类植物，植株高可达 70 厘米，在不同水湿条件下的生长状况有所不同，叶子形态差异性也较大，像大多数的蕨类植物一样，水蕨也是靠孢子繁殖，成熟时能在繁殖叶上看到密密麻麻的孢子囊。

蕨类植物众多，为什么水蕨能成为国家二级保护植物呢？水蕨是一种对环境水质变化非常敏感的植物，只能在洁净无污染的水中生存，被视为湿地环境指示物种。这种特性让水蕨能生长的地方受限，因而数量稀少。

茅洲河从路人掩鼻而过的黑臭水体到珍稀植物水蕨能够安家的高品质洁净水体，只用了四年时间。这样高水平、高效率的水体修复，算得上是新的“深圳奇迹”。

如今的茅洲河成了动植物的乐园

左岸科技公园生长的水蕨
张东茜摄

从“公明水库”到光明湖

光明多水——除了有深圳市第一大河茅洲河贯穿，更有 15 条河流纵横交错，18 座水库星罗棋布。经过积极整治和巧妙规划，曾经污染严重的河流重返生机，如今几乎每一条光明的水系都形成了水岸休闲带。水清了，人与水也近了。

而水库是一种较为特殊的水体，相对封闭，往往承担着供水、防洪等事关民生的责任。公明水库就是一座“身居要职”的水库——既是深圳建市以来第一座库容超亿方的大型水库，也是重要的储备水源，承担着东江、西江两江水的输配、调蓄、保护的重大任务，保障着深圳市的供水安全。作为深圳市的大型水库之一，公明水库水面面积近 600 公顷，与杭州西湖相当。

过去，公明水库为深圳人用水和深圳的水安全做出了巨大贡献，但隐于青山环抱之中并不为深圳人所知。在水生态文明建设的大背景和山水连城的规划引领下，公明水库开始从幕后走到台前，成为光明山水画中浓墨重彩的一笔。

蓝绿交织，华丽转身

在不久前的深圳市“水文化地图”发布暨省级水利风景区授牌仪式中，省水利厅厅长王立新等为光明湖水利风景区揭

牌，标志着光明成功以公明水库为依托建成了深圳市省级水利风景区——光明湖水利风景区（以下称“光明湖”）。

根据《水利风景区管理办法》中的定义，水利风景区是以水利设施、水域及其岸线为依托，具有一定规模和质量的水利风景资源与环境条件，通过生态、文化、服务和安全设施建设，开展科普、文化、教育等活动或者供人们休闲游憩的区域。光明湖水利风景区之所以能成为广东首批省级水利风景区，与水库得天独厚的地理位置以及周边丰富的资源分不开。

光明湖位于高起点建设的光明科学城西面，背靠广袤的大屏障山脉，南依拥有网红绿道的大顶岭，西接光明小镇欢乐田园的千亩稻田、百亩花海，是深圳唯一同时具备“山水林田湖草”六大生态资源的水域，四季可享别致的自然景观。光明湖三面被群峰环绕，湖景与田园、山林相映成趣，在光明湖碧道的规划串联下，将形成集饮水安全、生态保育、资源联动、城市共享等多功能于一体的特色风景区。

从大顶岭望向光明湖，眼前呈现出一片蓝绿交融的和谐空间：湖水静谧映出蓝天白云，青山层叠由近到远显出新绿或如黛的山影。曾为人们提供宝贵饮用水的公明水库，如今终于被看见，成为市民休憩、动植物栖息的美好湖区空间。

未来碧道，大放光明

光明湖水利风景区的建立只是公明水库华丽转身的第一步，一条面向未来的碧道将真正使人们的目光聚焦在这片优美湖景中，给深圳填补上大型湖区的美景。

在经过评审胜出的光明湖碧道概念方案中，设计方 KCAP 希望建立一个兼顾生态保育和经济发展的国家战略生态科学湖区新格局，和一个与周边元素多面融合的现代版中国古典新典范。围绕城市发展、水安全、水生态和碧道价值四大核心议题，方案提出了以湖养城、弹性管理、万象归宁和大放光明四大愿景，以及基于自然系统，以充分尊重本地物种为前提的五大设计计划；以针灸式的景观策略保证最小干预的同时，展开最璀璨的光明图景。

五大设计计划分别是：

1. 再续河系，即重续原有水系的连通，建立清晰可续的山—水—湖—田—城的动态景观结构。

2. 水生光明，通过设置生态石垛和砂滤池等设施全方位把控内源污染，保证深圳一级饮用水水源的晶碧水色。

3. 生态光明，通过对栖息地的补偿和修复措施，缓解湖面抬升导致大量栖息地消失的挑战，实现总补偿率达 75%，以多样湿地为主导类型的生态系统。

4. 可达光明，指以尊重场地为前提

从大顶岭俯瞰光明湖美景
朱春艳摄影

和基于水安全和自然保护考量，建立分时分段的灵活管理，适合不同人群的多元彩虹环。

5. 多元光明，西部尊重并延续在地农业人文式景观，且设置动静不一的趣味大坝；东部结合场地特色恢复不同鸟类生境，并打造和环境相宜的生态型营地。计划描绘了一个富有生机的山—水—湖—田—城格局，让水库发挥更大的生态作用，并在确保水库继续发挥水安全功能的基础上增加人与水的互动。光明湖像是皇冠上最中心的一颗宝石，将会让已经熠熠生辉的光明水系大放异彩。让我们假以时日，等待这颗宝石的闪耀一刻。

公明水库

森系光明

从山林绵延出一条红色绸带
华侨城光明集团供图

一条红飘带般的空中栈道把人们的目光引向层峦叠嶂的翠绿之中……这里是大顶岭，最高海拔不过 170 米，曾经泯然深圳众多山峦之中，如今却成了人们心目中的光明版绿野仙踪。

最美马拉松山湖绿道

蜕变从 2021 年大顶岭绿道正式开放开始。6.4 千米的大顶岭绿道藏于浓荫之中，哪怕在烈日当头时走进绿道，感受到的也是清风习习。阳光经过茂密的树冠层遮挡，于空隙处洒下，已然变得温柔。光明湖的柔美水波、科学城的城市风光伴着路人的脚步一路若隐若现。加上海拔爬升和缓，大顶岭绿道也被称为深圳最美马拉松山湖绿道，还备受骑行爱好者的推崇。

更有黑科技满满的“浮桥”、自带蹦

大顶岭三桥之浮桥

床的“探桥”、离地 30 米令人心跳加速的“悬桥”，被人们津津乐道并称为“网红三桥”。在无尽的绿意之中，大顶岭绿道以“三桥两驿一丘一林”串联起光明小镇风光。4 千米“虹桥”与大顶岭绿道连通后，形成了 10 千米的休闲运动带。

“虹桥”似红色飘带荡于山林之上；“浮桥”3 个环形相切，如同悬浮于绿意之中，铺设了太阳能板的最大一环傍晚会自动亮起，更添科技感；“探桥”从一处山谷口袋处探出，全镂空的设计让桥与山林相融合，自带蹦床吸引了不少小朋友玩耍；“悬桥”全长 90 米，跨越了两个山头，给人天堑变通途般的壮观感受，它还是中国第一座钢板带桥。有这样的高配置，还有处处小心思：浮桥旁边有一段贯穿山林的花瓣路，夜幕降临后会发出荧光，既浪漫可爱又能方便夜跑的游人。这样贴心的大顶岭绿道，从默默无闻到跻身深圳绿道顶流，自然是情理之中。

大顶岭的网红浮桥

大顶岭山脚下，光明湖旁的百年广府村落迳口村
朱春艳摄影

山水连城森系步道

远足径郊野径的建设则为网红绿道注入了人文与生态的内涵。在全市“山海连城”远足径郊野径的计划实施中，光明区根据自身山环水抱的优质生态资源谋划“山水连城”，将光明区“山水林田湖草城”等生态资源、开放空间、人文节点各项要素“串珠成链”。

在详尽的探查中，对光明山林资源进行梳理，形成多个观赏点引导游人进行观察。就地取材使用风倒木、岩石等环保低碳的建设材料，秉承“无痕山林”的低扰动建设理念，修建“手作步道”。使用土木台阶结合梅花桩的工法，确保在减少地表破坏的同时保证行走安全舒适。同时，在坡度较大及易积水的区域，通过设置土木台阶、砌石阶梯、梅花桩、导流横木、安全绳等工法进行消能与安全防护处理。

修建后的“手作步道”与环境完美融合，既方便游人安全舒适地行走，又不破坏原有景观，保留了土壤原本的透水透气性。解说装置则讲述着山林里的故事，那些野猪觅食抛出的土坑都成了路上的野趣，让步道把人引入森林的奇妙世界。

山林路上散布着荧光小花图案

大顶岭的“探桥”可以变身孩子们的蹦床乐园
欧阳勇摄影

山里的森系居民

生态专家在大顶岭放置了数台触发式红外相机，让相机的“眼睛”代替人们探访森林里的居民们。

原来，喜欢大顶岭森系风光的不只是人类。夜幕降临，豹猫（Prionailurus bengalensis）轻手轻脚地迈着步子走出来，机敏地打量四周寻觅猎物；以仙女为名的“仙八色鸫（Pitta nympha）”把时尚配色发展到了极致；黑冠鳽（Gorsachius melanolophus）在草地上与蚯蚓拔着河……这三种国家二级保护动物还只是红外相机中记录下的一部分，更不用说扎根山林与人们每日打着照面的国家二级保护植物金毛狗（Cibotium barometz），光明山林里原来有这么多惊喜！

国家二级保护植物金毛狗
吴健梅摄

羽毛缤纷的仙八色鸫

觅食的黑冠鳽

光明虹桥公园红外触发相机夜间拍摄豹猫影像
华侨城光明集团供图

03 公园里的山水城

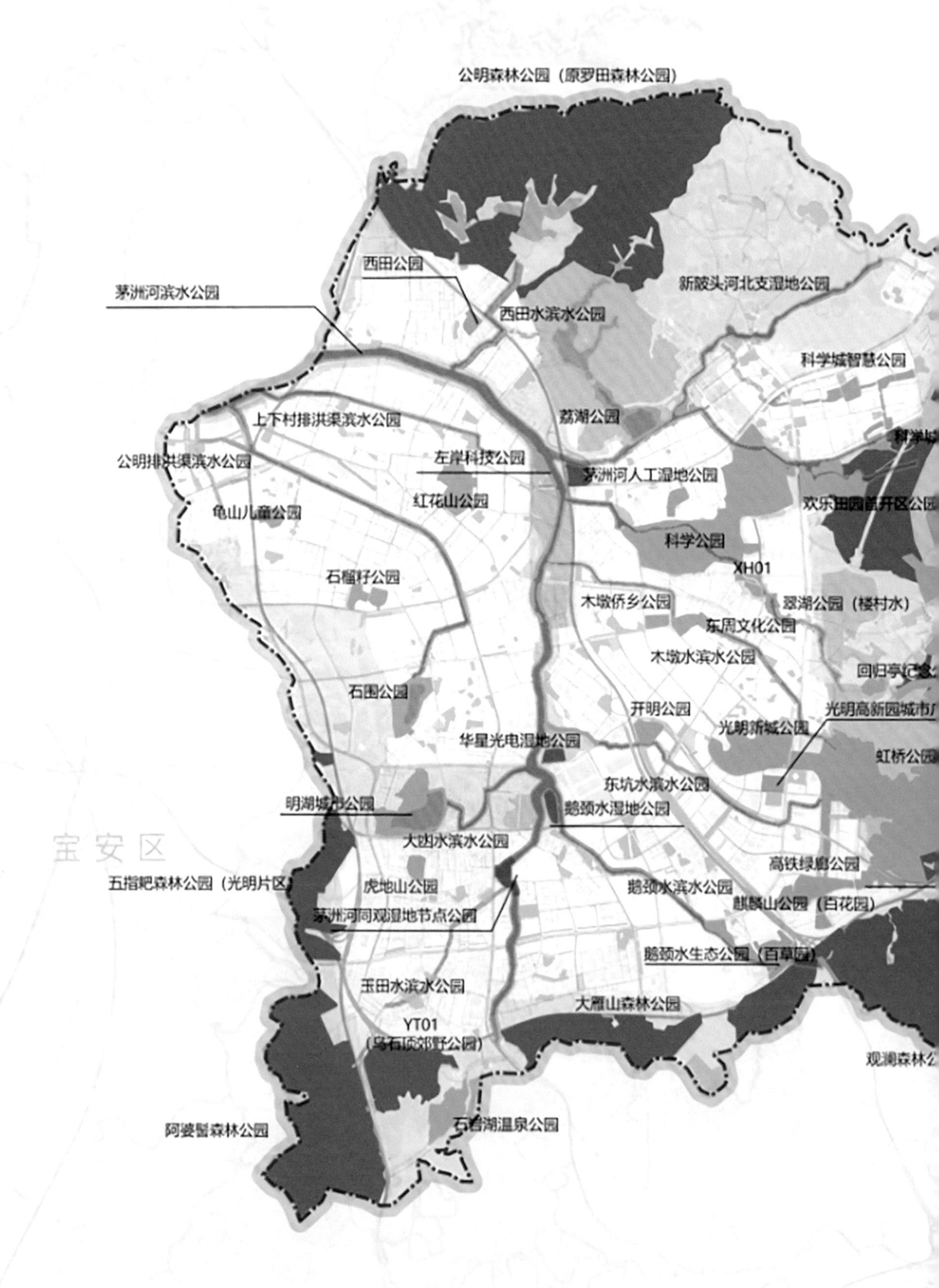

公明森林公园（原罗田森林公园）
西田公园
茅洲河滨水公园
西田水滨水公园
新陂头河北支湿地公园
科学城智慧公园
上下村排洪渠滨水公园
荔湖公园
公明排洪渠滨水公园
左岸科技公园
茅洲河人工湿地公园
龟山儿童公园
红花山公园
欢乐田园
科学公园
XH01
石榴籽公园
木墩侨乡公园
翠湖公园（楼村水）
东周文化公园
木墩水滨水公园
石围公园
开明公园
光明新城公园
华星光电湿地公园
虹桥公园
东坑水滨水公园
明湖城市公园
鹅颈水湿地公园
宝安区
大凼水滨水公园
高铁绿廊公园
五指耙森林公园（光明片区）
虎地山公园
鹅颈水滨水公园
麒麟山公园（百花园）
茅洲河同观湿地节点公园
鹅颈水生态公园（百草园）
玉田水滨水公园
大雁山森林公园
YT01
（乌石顶郊野公园）
阿婆髻森林公园
石岩湖温泉公园
宝安区

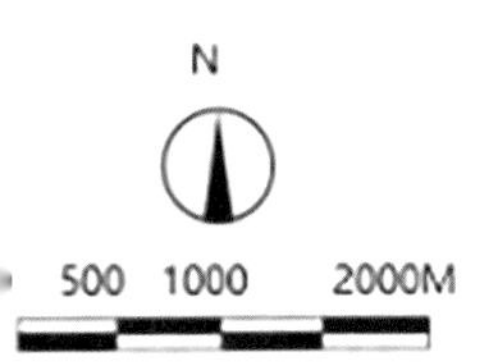

公园里的光明

深圳在建公园这件事上可谓“卷出天际”，2022 年年底已建成公园 1215 个，成为中国目前城市公园数量最多的城市，断崖式领先，与第二名相比多出近一倍。光明区则是公园深圳中的“卷王”，建成公园超过 260 个，是深圳十区中拥有公园数量最多的，以不到全市 1/10 的面积贡献了超过 1/5 的公园数量。

260 多个公园在光明密布，公园不再是城市的点缀，反而城市成了公园里的街区。不管你在商圈、居民区，还是在写字楼，总有步行可达的公园提供一片绿意放松身心。

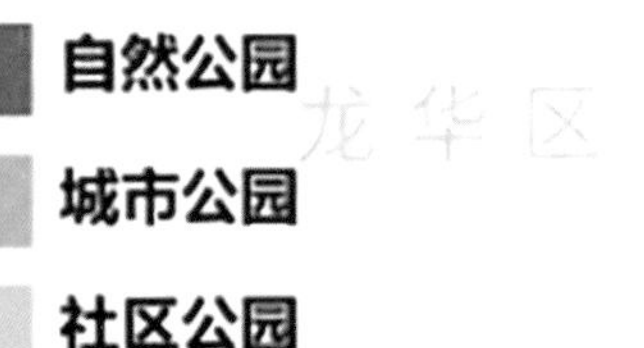

2025 年光明公园规划分布图

明湖公园：FINE 光明公园乐活季 ©华侨城光明集团

好玩的公园光明

光明的公园不仅多，还特别好玩。从公园就能看出，光明是懂玩的：虹桥公园、明湖公园、红花山公园建立起三大科技潮玩地标，“FINE 光明”科技潮玩创想季聚合起光明公园综合体文旅矩阵，让公园不只是遛弯儿放松的地方，还能体验科技和时尚带来的快乐。

以最“红”的虹桥公园为例，经过升级的虹桥公园有滑板赛馆、虹 · BOX、速滑馆、车模赛馆等场馆上新，车辆模型科技竞赛、滑板表演赛等体育赛事纷纷落地，与中央美术学院合作推进成立了科技与艺术实践基地，虹 · 自然教育、虹 · 森林书房等产品都在高调升级中。在虹桥公园森林驿站，还有森林里的咖啡、露营、民谣之夜。绿意清风中，人们可以品咖啡、享受音乐，光明公园生活丰富到处处都像嘉年华。

明湖公园则与光明国际汽车城共同承载起 2023 光明国际汽车城首届汽车主题露营节，沉浸式自然露营、复古汽车展有趣又特别，还有各种文创市集、露天电影、美食节等活动以及无人机表演、乐队草地音乐表演。公园里的光明遇上科技，再加入一些新潮，成就了光明精彩好玩的公园生活。

好看的公园光明

如果潮玩活动听起来是给“社牛”准备的，还有一众“内向”公园给人提供安安静静坐一会儿吹风赏景的空间。公园是缤纷乐园，也是好看、好拍照的美景聚集地。

沿着茅洲河，数十个亲水公园连珠成串，沿岸居民总能找到一处离自己最近的休闲地带。独特的湿地植物在发挥净化水质作用的同时也带来一片花海的美感。即使在处处花景的花城深圳，鹅颈水湿地公园和楼村湿地公园的美人蕉花海盛开时也还是会成为社交媒体上的城市热点。

走进山林，从森林公园中则能收获野趣之美，光明山系丰富但多丘陵而少高峰，山林大都只有一两百米的海拔，爬山、赏花、泡氧吧完全不需要磨炼意志。

大顶岭森林公园大片木油桐（Vernicia montana）

宫粉羊蹄甲（Bauhinia variegata）
彭欣摄

茅洲河沿岸宫粉羊蹄甲景观
彭欣摄

红花山公园梦幻的粉黛乱子草

的小白花低调而精致；黧蒴锥（Castanopsis fissa）开满山坡像被定格的烟花；大花紫玉盘（Uvaria grandiflora）花朵大而艳丽，金黄的花颜似蜜蜡质感；假苹婆（Sterculia lanceolata）以鲜红的果实引人注目，成熟时果荚绽开如五角星，很可爱。这些土生土长的山林植物没有栽培的园艺植物那般强势吸睛，主打的是生机可爱的氛围感，需要一些缘分和独到的眼光才能欣赏它们。

在新公园抢足风头的同时，光明人心目中的“老牌”公园也在公园颜值比拼中铆足了劲儿。红花山公园是陪伴不少光明人成长的公园之一，山上的明和塔一度成为光明地标建筑之一。而在老派的红花映红塔景象之外，山下新种出了大片粉黛乱子草（Muhlenbergia capillaris），这种来自美洲的禾本科植物以秋季粉红色的花序闻名，在很多植物并非花季的秋天，开成粉霞，同样吸引了众人前去打卡拍出美照。

无论是精心准备的潮玩活动，还是科学规划的山林花海，光明区公园的“卷”实际上与“高质量高颜值”的城市调性都一致。公园之美人人可享，带有对人民的服务意义，公园也是城市人近距离感受自然的最便捷途径。在公园上下功夫，让城市发展和生态文明变得更加可感。这样的公园光明，有谁不爱呢？

大花紫玉盘

假苹婆的花与果实

簕杜鹃

Bougainvilleasp

分类

紫茉莉科、叶子花属

花事地点

新城公园簕杜鹃园

花事时间

全年可赏，秋冬最佳

光明公园花事

花，是被子植物的繁殖器官，在漫长的演化长河中，花上拥有鲜艳花瓣、醒目花蕊或浓烈气味的植物更能吸引传粉动物，因而在繁殖上略胜一筹。这些优胜者的基因形成了如今千姿百态的“花花世界”——姹紫嫣红、气味芬芳或浓烈，有着各自的传粉小心机……

人类是被花朵吸引的动物中最特别的一种，我们并非植物合适的传粉动物，却也会被美丽与芳香吸引，让花成为贯穿人类文明史的美好象征——如果没有花，人类历史上多少浪漫的文学作品和绚丽的美学成就都将失去缪斯。对花之美的追求，也确实让我们人为地去保留和繁育更多那些符合审美的植物——人与花的互动结果某种意义竟然和蜂蝶与花殊途同归了。

对花之美的追求，让各地出现了“蓝花楹大道”“樱花大道”，花名比原本的路名更易被人记住；网红经济旺盛的上海频频有某个路口或建筑因一处花景爆火；更有不少旅行者奔赴某地只为赶一个花期……在物质丰富的今天，人们对花更加有了在精神和美感上满足的巨大需求。

目光拉近，经过近年的苦心经营，在深圳光明已经形成了许多成规模的主题花景可供观赏。花开有期，四季有不同的花景需要一点心思和热情去关注，也许这就是赏花的乐趣之一。

光明公园里有哪些明星花呢？让我们这就去赏玩一番吧！簕杜鹃可能是最成功的热带植物之一。它原产于南美洲，因热烈的色彩和顽强的生命力被引种到世界各地。如今，它是深圳市花，同时也是厦门、江门、惠州等多个南方城市的市花，还是赞比亚的国花，可以说所到之处无不风靡。

叶子花属有叶子花（Bougainvillea spectabilis），还有亲戚叫光叶子花（Bougainvillea glabra），两者外观相似。我们平日见到的簕杜鹃实际上是经过园艺多次杂交的品种，很可能既非纯正的叶子花也非光叶子花。在园艺界，这种现象很普遍，通过园艺工匠之手如今我们看到的簕杜鹃才有那么多绚丽多彩的颜色，还有雍容华贵的重瓣品种。

值得一提的是，簕杜鹃那些艳丽的红粉黄白等色彩其实是苞片所拥有的，实际的花很小巧，正是靠苞片来吸引传粉昆虫的注意。

再力花是一种广泛种植在湿地中的挺水植物，原产于美洲，因具有观赏和净化水质等多种用途被引入世界各地。

挺水植物顾名思义就是挺出水面的植物，类似荷花，根扎在水面以下，花叶挺出。挺水植物发达的根系能够固定淤泥、过滤沉淀水中杂质，露出水面的部分则有很高的观赏价值。再力花就是一种容貌清丽的挺水植物：叶片似芭蕉宽大、翠绿可爱，紫色花序小巧精致，开成一片时如梦似幻。

清雅的外表下再力花为了传粉可是很拼的。如果拿一根细长的物品伸进花蕊，可见一根白色的东西快速向内卷，将探进来的物品夹紧。白色的是它的花柱，这种反应是为了主动出击把花粉粘在传粉的昆虫身上。

再力花

Thalia dealbata

分类

竹芋科、水竹芋属

花事地点

楼村湿地公园、鹅颈水湿地公园

花事时间

4—8 月

挺出水面的再力花

凤凰木花叶都精致可爱

凤凰木

Delonix regia

分类

豆科、凤凰木属

花事地点

光明城市广场

花事时间

5—6月

花开如火凤凰的凤凰木

凤凰木有个很中国风的名字，其实是非洲来的，传说中文翻译来自最初引进它的地方——澳门凤凰山。凤凰木初夏盛放，花开之时，成片的红色花朵，如火焰般盛开在高高的枝头之上，明艳如朝霞，火红一片如火凤凰栖于枝头。

凤凰木是深受中国南方城市喜爱的树种，除了颜色好看、醒目，树形也优美，连豆科标志性的羽状复叶都精致优美。深圳原有几处枝繁叶茂的凤凰木早已成为景点，花期游人众多。光明城市广场的凤凰树年份不久，虽然还不够粗壮，但成排栽种，花期一片火红，以整洁现代的城市广场景观为底，也别有一番风味。

[illegible]丽的凤凰木花朵

同为水面上盛开的大美花，不少人把睡莲和荷花视为一种。其实两者亲缘关系不近，而且脾性也差很多：荷花是挺水植物，花叶高于水面；睡莲是浮水植物，花叶常贴着水面。

明湖城市公园是光明新建的公园，比邻光明国际汽车城，常有汽车主题活动，蓝白的“林冠云桥”也明朗现代。而转个弯到公园一隅，大片睡莲突然把游人带入莫奈花园般静谧的氛围中。睡莲香味浓烈，隔着水面的距离则刚刚好，由清风撩拨一些芬芳，梦回《睡莲》画中。

睡莲

Nymphaeasp

分类

睡莲科、睡莲属

花事地点

明湖城市公园

花事时间

4—5 月

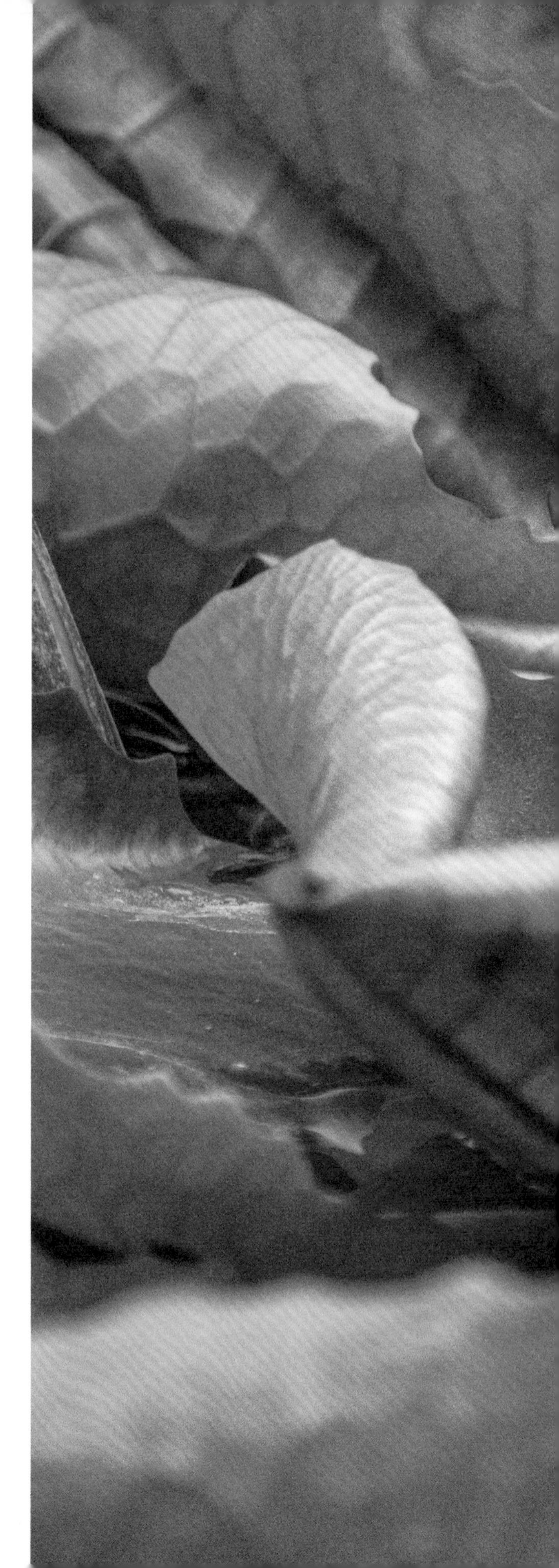

04 大放光明的自然教育

无痕大雁山

横亘在光明南部的大雁山森林公园，位于光明、宝安、龙华三区交会处，占地150公顷，最高海拔约250米，南与茅洲河的上游石岩水库相望，北可俯视光明城市风貌，山水城相依。

调研发现，体量轻盈的大雁山拥有超过300种高等维管束植物，更记录到68种鸟类和11种蝴蝶，可谓蝶舞翩翩、鸟语花香。光明区远足径郊野径在大雁山建设了2.8千米的示范段，包括2.2千米远足径，0.6千米郊野径，其中还有贴近自然就地取材的手作步道，又近一步丰富了大雁山的游赏和自然教育资源。

大雁山自然教育中心就是在大雁山优质的自然环境上建立的，由专业的自然教育团队根据大雁山的特色资源研发系列课程：如以水为主题的湿地课程、以大雁山低海拔荔枝果林为基础的水果主题课程……在团队的努力下，大雁山的丰富自然资源被不断挖掘和展示，成为光明一处认识自然、贴近自然的自然教育试点。

2023年3月，随着“GoHiking！光

大雁山自然教育中心

明‘LNT 无痕山林’”行动暨光明全域自然教育大雁山自然教育中心启幕活动举行，大雁山自然教育中心又被赋予了新的内涵。作为运营方的华侨城光明集团表示，今年将在大雁山自然教育中心开展 30 场生态环保、自然教育公益活动，除了常规的自然主题课程，还发挥华侨城在自然文化艺术深耕的优势把“零废弃”的概念引入了大雁山。“零废弃”森林艺术家工作室就是大雁山自然教育中心升级的重要举措，后续将邀请动植物专家、生态专家、艺

枯木“变废为美”

术家来到大雁山自然教育中心，把生态环保与文化艺术结合起来，如利用山林里的枯木进行“变废为美”，打造光明高质量、有特色的全域自然教育。

留下洁净的山林

什么是 LNT?

LNT 即英文 Leave No Trace 的缩写，译为无痕山林，旨在提醒人们在自然中活动时，关注并身体力行地保护与维护当地的生态环境，尽最大可能减少对自然的破坏，不留下人为带入的垃圾。背后有七大准则，帮助人们在亲近山林时降低对大自然造成破坏的可能。

了解无痕山林，做一个环境友好的登山者吧！

事先充分规划和准备

出发前做好旅行计划，既可以确保整个旅行队伍和个人的安全，又能最大限度地减少对自然的破坏，增加出行前的信心；事先了解场地，在旅行中学到更多的自然知识。

选择合适地点旅游和宿营

选择既有的步道和露营地活动，尽可能减少踩踏和对场地的改造。

妥善处理垃圾

带入山林的物品理论上应该全部带走，不留下垃圾尤其是不可降解的塑料制品，妥善处理无法带走的物品。

勿取走自然中任何资源与物件

除了可以帮助捡拾沿途垃圾外，只带走照片、回忆，只留下浅浅的足迹。

降低营火对自然的影响

如需野外烹饪，使用炊具而不是就地生火，除了避免焦黑影响美观，更与森林防火息息相关。

尊重野生动物

遇到野生动物保持距离友善观察，不要喂食更不要骚扰追赶。

尊重其他旅行者的权益

尊重他人独处所需的宁静，轻声旅行及宿营，不外放音乐，尊重其他登山者。

颜值超高的自然教育中心

在深圳各区都在把自然教育做得火热之时，光明区的自然教育仍能以高颜值出圈。

在 2023 年早春时节，光明区举行了全域自然教育启动暨虹 · 自然教育中心开馆仪式。虹 · 公园自然教育中心一亮相就惊艳了众人。这个“红透了”的自然教育中心位于虹桥公园南入口广场附近，是虹桥公园二期项目的首开场馆。背靠大顶岭的层叠绿意，红色的主色调与仿佛红飘带的虹桥相呼应，成为整个虹桥公园最亮眼的一抹红。教育中心总建筑面积有 2796 平方米，包括地下一层、地面两层空间，内设自然生态展馆、森 · 书房阅读区、自然教室、会议室、运动体验馆场、赛事指挥中心和林业监测中心等功能区域。

虹桥自然教育中心 © 华侨城光明集团

虹桥公园自然教室里自然教师正在给小朋友们上课 © 华侨城光明集团

内有质量外有颜值

这座山林、湖泊之间的自然教育中心，受到瞩目的原因除了它具有的丰富功能，“颜值”也是不能不提的因素。大胆鲜活的建筑色调、张扬的高调位置、极具打卡属性的红色螺旋梯都显露出它想要以颜值给人留下深刻印象的野心。

光明毫不掩饰对“高颜值”的追求，甚至把高颜值放在了工作部署重要位置。2021 年 6 月起，光明区成立了城市高颜值建设专项小组，由区政府主要负责人担任组长，由分管建筑工务和分管城市规划工作的区领导分别担任常务副组长，下设的城区高颜值专项小组办公室设在市规划和自然资源局光明管理局，另一个政府投资项目高颜值专项小组办公室则设在光明区建筑工务署。这样高规格的配置足见光明区对“高颜值”的重视和追求。在专项小组高标准统筹推进下，光明区城市高颜值建设工作成效显著，全区城市风貌、品质实现跃升，高质量、高颜值发展理念深入人心。

光明区第二次党代会报告中提出：“要深化落实高质量高颜值，把高质量高颜值主题贯穿工作始终……把每栋建筑都建成精品，让每个片区呈现独特风貌，让城市随处可见风景，努力成为新时代深圳的质量高地和‘颜值担当’。”追求高颜值，本质上是对规划建设的质量要求，从茅洲河由臭水沟到水草丰茂、鱼翔浅底的美丽蜕变到大顶岭让人流连的网红桥，都是光明人对美的追求。

光明自然生态展

与虹 · 自然教育中心一起与大家见面的还有“光明所耀，万物成春”光明自然生态展和光明区首部记录虹桥公园生物多样性的自然生态纪录片《一切万物，皆放光明》，以及光明区图书馆森 · 书房特色分馆等。无论是展览还是纪录片、书房装潢，都有着处处的巧思和明艳的色彩，自然生态之美在光明以高颜值的模样向人们展示，诠释着人与自然的和谐关系。

在呈现出的这一系列有设计感、高颜值的成果背后，是光明自然教育团队对虹桥公园自然资源长达半年的日夜详尽调查，共记录到超过 151 种动物和 202 种植物。当编辑部拜访虹桥公园时，接待的工作人员在介绍公园的过程中，对园区里的动植物如数家珍，一路上对什么位置观什么景最合适更是了然于心。正是这样扎实的调研和了解，以及对“把每栋建筑都建成精品，让每个片区呈现独特风貌，让城市随处可见风景”的贯彻，才有了虹桥公园自然教育中心如今的高颜值呈现和为游人带来的高品质体验。

红色螺旋梯

从迳口老村到时尚生态谷

从大顶岭森林公园静谧的林中步道向光明湖眺望，可见一座村庄藏于湖光山色之中。这里便是已有 800 多年历史的迳口村，是光明区典型的广府村落，如今由 4 个居民点组成迳口社区。

时过境迁，光明大地上现代化的高楼大厦拔地而起，而迳口村还保留着古朴的一面：村口的黄氏大宗祠每到节日热闹非凡，新春游园会和舞麒麟等传统民俗更是吸引着大量游人前去观摩。在迳口村保有的千亩农林土地上，农业与休闲旅游、自然教育相结合的方式则让古村迸发出年轻的活力。

农业转型之路

2016 年 8 月，通过光明街道招商引资，以迳口社区部分基本农田及周边未利用地、农业用地、园地、林业用地等约千亩土地为项目用地，启动了“时尚生态谷”项目。

过去，这些土地是较为粗放的农业用地。2004 年，深圳全面城市化，成为全国第一个没有农村行政建制和农村社会体制的城市。迳口社区撂荒的农业用地便显得不合时宜，村民也亟待有新的规划带领致富

鸟瞰效果图

过上更好的生活。“时尚生态谷”项目以迳口社区原本的农耕文明为魂、山水林田为韵、自然保育为基、科技创新为径、生态文旅为形，利用好周边的山水林田湖资源，用科技创新打造出都市现代农业新基地。

粗放的农业用地被整合利用起来，形成农业科技研发展示、自然教育科普示范、森林生态休闲旅游三大板块。

以可持续发展的眼光审视农业发展，让基地成为现代农业科技的展示窗口。以科技为支撑，形成集科技农业、科普教育、休闲旅游等多种功能为一体的一、二、三产融合示范园区，实现对农业产业升级和周边地区经济发展的示范与推动作用。

依托自身多元的文化底蕴与得天独厚的自然资源，以农业为核心，打造服务于学生、亲子家庭的科普教育活动项目，一方面增长孩子对大自然的知识了解，另一方面促进父母与孩子之间的互动关系，获得身体与心理的双重愉悦感。

依托已有林间步道、护林防火道和生产性道路建设康养步道和导引系统等基础设施，充分利用现有房舍和建设用地，建设森林运动中心、森林拓展场所、森林浴、森林氧吧等服务设施，做好公共设施无障碍建设和改造。

农业劳作体验

热气球营地

潮汐育苗展示

老村活化之路

正如“时尚生态谷”的名字中所包含的意味，希望年轻时尚的风潮能刮进这片古老村庄。2017—2018 年，时尚生态谷连续两年打造迳口百花谷花海项目，联合光明街道办共同推动开展了多类型的马拉松比赛，吸引了近 10 万游客观光旅游，高峰期达到 3 万多人 / 天，让年轻人把目光聚集到古老的迳口村，看到老村之美。

在不断努力建设下，深圳国家现代农业科技展示中心、中国农科院番茄科技馆、美味番茄育种中心等 22000 平方米 17 座高端科技大棚和 6000 多平方米自然教育中心相继落地。人们来到这里可以了解水培、基质栽培、滴灌栽培等适合城市的现代农业模式，体验田园采摘、农业劳动的乐趣，在科普设施中增长知识。

其中，番茄主题科技科普馆依托我国著名番茄育种和栽培专家、中国农科院深圳农业基因组研究所所长黄三文的团队打造，包含番茄科普展示、基因组学课堂、蜜蜂授粉课堂、植物嫁接课堂、番茄营养课堂和多品种番茄种植体验。番茄这种酸甜可口与人们每天的饮食息息相关又讨人喜欢的蔬果在这里被展示到了极致。

建筑面积 7000 多平方米的自然教育中心则以高规格和多功能见长，包含生态展览厅、生态图书馆、青少年教育营地，从室内室外、理论实践上都能囊括，并将生态知识与自然体验融会贯通。

在这样丰富的硬件建设与内容搭建中，迳口社区有了能够吸引老、中、青三代人的主题，老村化身一片让孩子们自然奔跑、让城市人亲近农田、让长辈回味往事休闲康养的时尚生态好去处。

草莓田边的露营地

孩子们在番茄主题科技科普馆中采摘

国际友人体验传统的扎染技艺

星空露营

花海

红树于2007年被选为深圳市树。深圳红树林位于深圳湾东北岸深圳河口的红树林鸟类自然保护区，面积369公顷，是我国唯一位于市区，面积最小的自然保护区，也被国外生态专家称为“袖珍型的保护区”。

2022年11月5日，国家主席习近平以视频方式出席在武汉举行的《湿地公约》第十四届缔约方大会开幕式并发表题为《珍爱湿地守护未来推进湿地保护全球行动》的致辞，提出：中国将推动国际交流合作，在深圳建立“国际红树林中心”，支持举办全球滨海论坛会议。

随着“国际红树林中心”落户深圳，保护红树林的深圳力量正在被看见，深圳也将发挥红树林研究与保育上的科研优势，更多地联通世界，走向国际舞台。就在第27个国际湿地日，深圳福田红树林湿地成功入选“国际重要湿地”名录。

我们已经可以看到，在未来，经过各界的努力，红树林将遍布深圳东西海岸线，为深圳这座未来的“全球海洋中心城市”筑起天然保卫屏障。

红树林专栏，从秘境之眼深入丛林深处，探究红树林独特的一套生态系统，与工作人员和专家一起探讨保护工作。

01 红树林中的深圳

深圳市树传奇

深圳市树是什么?

在森林覆盖率近 40%、物种丰富多样的深圳，选出一种能代表这座南方沿海城市气质的树种，并不容易。

果实美味又矜贵的南方果树王——荔枝首先坐上了市树的宝座。

深圳种植荔枝的历史由来已久，东晋时期已有荔枝种植，如今深圳千余棵古树名木中，就有不少是百年以上的荔枝树。清嘉庆年间编纂的《新安县志 · 舆地略 · 物产》也记载了深圳荔枝:“荔枝树高丈余，或三四丈，绿叶蓬蓬，青花朱实。实大如卵，肉白如肪，甘而多汁，乃果之最珍者。”深圳气候适宜荔枝生长，果农也勤于修剪懂得如何种出优质荔枝。20 世纪 70—80 年代，深圳遍种荔枝，在今天的荔枝公园、梅林山、塘朗山等处，都还可见当年为深圳带来果腹美果与真金白银的大片荔枝林。1984 年，荔枝树被确定为深圳市树，南山荔枝更是成为深圳唯一一种中国地理标志产品。

市树荔枝象征着深圳优良的地理环境和深圳人的勤劳智慧。

2007 年 7 月，深圳市四届人大常委会第十三次会议审议通过在保留荔枝树作为

市树的基础上，增选红树为深圳第二市树。

比起海内外闻名的甜蜜佳果荔枝，红树就小众多了，但是，红树对于深圳人并不陌生。深圳地铁二号线就有一站名为“红树湾”，相隔不远又有九号线地铁站“红树湾南”。两条地铁线在红树边交会，这样豪华的配置是因为这片红树林所守护的正是深圳无比繁华的地段之一——让世界侧目的深圳湾超级总部基地就在这片被老深圳人称为红树湾的土地上热火朝天地建设着。这里比邻著名的粤海街道，世界五百强与高档住宅区聚集。为什么是红树湾？繁华并非平地起高楼。

深圳人很早就以住在红树湾为荣，推崇的正是落霞飞鸟与现代化建筑相互和谐映衬的红树林美景。与深圳这片红树湾隔海相望的正是拉姆萨尔国际重要湿地——香港米埔自然保护区，向东更有一片身处繁华都市中的福田红树林自然保护区。如果不赶时间，向海岸的方向行走，在已经成为深圳旅游名片之一的深圳湾公园则能近距离看一看红树到底长什么样，一睹这种带有传奇色彩的植物风采。

红树科植物树皮一旦暴露在空气中就会快速氧化成红色

海边绿油油的是红树

深圳湾公园的解说牌明明白白地告诉游人，栈道旁绿油油矗立在海水中的就是红树。常有人发问，“红树怎么不是红的，外表还各有不同？”其实，红树不是一种而是一类植物，根据红树林保育联盟的统计，中国共有红树植物约38种，包括专一性生长在潮间带的真红树植物26种和也能“上岸”在陆地生长的半红树植物12种。当然，红树植物是一种人为定义，随着研究深入会时有变动。

海边这些植物都长着绿油油的叶子，那么为什么叫红树呢？红树林的重要组成部分——红树科植物，树皮中富含单宁，平时看不出端倪，一旦树皮剥落暴露在空气中，就会氧化成红色，因而能够生活在海边潮间带的这一类植物获得了一个统一的名字——红树。

单宁又是什么？它并不神秘，单宁是一种天然的多酚类化合物，植物叶子中、未成熟的果实中或多或少都有一些单宁存在，单宁也是涩味的来源，想一想生柿子的味道，是不是已经舌头打寒战了？单宁的存在能让动物减少对枝叶的啃食，使动物不乐意把还没发育成熟的果实吃掉，保证了植物的顺利繁衍。

海岸生活，红树也要设法减盐

红树林被称为“海上森林”，能够在高盐度的海水中生活，是它最令人称奇的地方。吃盐太多对人的健康有害，对植物更是如此。可溶性盐会降低土壤水的渗透势，让植物根系难以从土壤中获取水分，还会影响植物对营养物质的吸收，盐碱地总与贫瘠挂钩，就是这个原因。红树能在海水中打出一片绿色天地，当然有它的传奇法宝。

最直接的是从摄入的盐量上减少。一部分红树的叶片和茎表细胞可分化成盐腺，能够排出多余的盐分。比如，紫金牛科的蜡烛果（Aegiceras corniculatum，又称桐花树），叶片上有丰富的盐腺，常可以观察到它表面有一层细密盐粒，这就是正在排盐呢。蜡烛果叶片还具有内皮层，使其在高盐的环境下维持正常的水分运输。而像木榄（Bruguiera gymnorrhiza）虽然没有盐腺，但根部具有拒盐作用，也就是不把盐分吸收进植株，使木质部中的盐分下降，研究表明木榄的根部可过滤 99% 的盐分。

此外也有很多学者从生理生化的角度研究红树的耐盐性，在实验室中发现红树有多种在高盐环境下维持离子平衡、调节渗透的机制。分子层面，红树被发现有一些耐盐基因，甚至曾有学者将红树 DNA 通过花粉管导入茄子，也获得了更具耐盐性的后代。红树植物这一独特的类群，还有多少惊喜是我们不知道的？

蜡烛果用叶片的盐腺来排盐

银叶树的果实

红树如何"海边出生，海里长大"

一曲《大海，我的故乡》，像是在描述与海为伴的红树。"海边出生，海里长大"的红树，繁衍注定也会有传奇色彩。

最特别的当数"胎生"红树。深圳常见的秋茄（Kandelia obovata）、木榄就是其中代表。有花植物的种子成熟后多是在脱离母体植物后再萌发，这是我们最常见并熟悉的植物繁殖方式。胎生的红树植物，在开花、传粉、受精到产生种子这几个阶段还不让人觉得特殊，但是它们的种子，并不需要脱离母体，直接在树上的果实中萌发。种子萌发的时候，下胚轴明显伸长，逐渐突破果皮，形成尖尖长长的"胎生苗"。胎生苗从母体植物吸收营养，逐渐发育成熟，而后下落。幸运的幼苗直插软泥，强大的生根能力会让它们数小时后就长出侧根，然后上端抽出茎叶，新生命就诞生了。有的幼苗不幸被海水冲走，只要能再遇到泥沙，经过数日漂流也许会在另一片海岸生根发芽。

这种种子在母体上发育出胎生苗的方式也被称为"显胎生"，与之相对的"隐胎生"植物，在母体上胚轴不伸出果皮，果实落地后胚轴才显露出来。马鞭草科的海榄雌（Avicennia marina，也称白骨壤）、紫金牛科的蜡烛果（Aegiceras corniculatum）等植物就属于这一类。剥开隐胎生植物的果皮，能发现里面已经萌发的种子。

胎生红树对后代的耐心照顾，自然也是出于对环境的考量。极度缺氧与高盐的软泥并不适合普通的种子萌发，潮水的冲击更是可能轻易冲走幼苗。因此，一部分红树植物就发展出这种耐心积蓄能量，先发芽、后落地生根的繁殖方式，以获得更高的繁殖成功率。

那些没有把后代挂在身上照顾的红树植物，也为孩子们想好了出路。它们的种子密度普遍低于海水，能够随水漂流传播。比如，深圳大名鼎鼎的半红树银叶树（Heritiera littoralis），它的果实成熟后龙骨状突起木质化，果外皮具有充满空气的海绵组织，使之能漂浮在海面上，随海流漂向远方。“海风吹，海浪涌，随我漂流四方”这句歌词，仿佛说的就是银叶树种子的际遇。

秋茄胎生苗 © 福田红树林保护区

深圳续写红树传奇

深圳红树林面积并不算大，种类也不如更靠近热带的海南丰富。但从深圳人以红树为市树，把最高端的规划放在红树湾，在寸土寸金的都市地段建立红树林保护区，就能知道深圳人有多爱红树林。

2022 年 11 月 5 日，国家主席习近平以视频方式出席在武汉举行的《湿地公约》第十四届缔约方大会开幕式，并发表题为《珍爱湿地 守护未来 推进湿地保护全球行动》的致辞，提出中国将推动国际交流合作，在深圳建立“国际红树林中心”，支持举办全球滨海论坛会议。

“国际红树林中心”落户深圳，让深圳的新市树——红树，这类在艰难条件下像深圳人一样顽强拼搏、拥抱变化、顺势而为的独特植物，在爱着它们的深圳大放异彩，未来也将因深圳人的保护、支持、深入探索而揭开更多传奇故事的面纱。

胎生的秋茄有时会有产生“双胞胎”
蔡明汕摄

红树林中的海湾深圳

在中国四个一线城市中，深圳可称为自然环境最柔和的那个。

温暖的亚热带季风气候让深圳四季宜人，秋冬远离严寒、春夏又有清凉的海风扫走闷热，大大小小的海湾让海浪也变得温和，形成天然良港，带来丰富的渔业资源。人们常形容深圳特区是改革开放总设计师在南海边画的一个圈，随着 2010 年国务院发布关于扩大深圳经济特区范围的批复，特区从一个圈扩大到一个深圳，开拓创新、务实高效的深圳精神被不断继承发扬。

这个南海边的城市一直依恋海洋，东部的南澳、葵涌、沙头角，西部的福田、蛇口、南头、西乡、沙井、福永、松岗，甚至大铲岛、内伶仃岛，都曾居住着以船为家的疍家人。海洋是他们的家，更是谋生温饱的来源。特区成立以来，深圳人口激增，经济高速发展需要土地，城市开始向海洋要地。20 世纪 80 年代，蛇口半岛和盐田首先开始填海造地，修建起港口和工业园，

国家一级保护动物黑脸琵鹭在深圳湾红树林边栖息
吉祥摄

在之后的近 40 年中持续为深圳经济发挥着巨大作用。之后深圳湾的海岸线也向南推进，一度被人造工程占据。深圳湾历史上曾经有曲折的六湾，拥有过绵长的沙滩、起伏的山丘，当然还有大片红树林。

彼时，红树林伴随着海岸线一起为经济发展让步，成为烙印着时代局限性的遗憾。

但又是红树为深圳海陆之间的拉扯按下暂停键。1994 年，如今车流不息的滨海大道规划建设，原计划可能要从深圳湾东北侧的红树林自然保护区穿过，消息引发了深圳社会各界的强烈关注。在各界专家、市人大代表的介入以及市民的呼声下，滨海大道建设方案最终确定北移 200 米，绕开了红树林保护区核心区，为此不惜在建设成本上多花一亿元。这 200 米是城市发展与生态保护之间的平衡，红树林的宝贵价值正在被深圳人认识到。

深圳湾——城市价值取向的岔路口

深圳湾公园（深圳湾滨海休闲带）的出现则彻底确定了深圳湾的生态属性。20年前，深圳湾公园开始规划。“当深圳决定不再在深圳湾填海造陆，就出现了深圳湾公园的构思。”承担深圳湾公园规划设计的项目负责人朱荣远曾这样描述。根据2016年的统计，深圳湾公园年均游客量达到了1200万人次，超过了当年的深圳市常住人口总数。从造地到造红树林，人群的聚集证明了这个选择的正确性。

如今的深圳湾公园由一条蜿蜒在海边的生态休闲绿道串起各具特色的节点，红树记录着在潮汐变化，弹涂鱼和招潮蟹在泥滩上忙碌，候鸟翩飞，与休闲健身的游人维持着礼貌的距离。深圳湾之美，正在于这些生灵。深圳湾湿地毗邻深圳和香港两个国际大都市，是全球九条候鸟迁飞路线之一：东亚—澳大利西亚迁飞区（EAAFP）候鸟越冬地和“中转站”，每年有约10万只候鸟在此越冬或经停。

红树林素有“海岸卫士”之称，用发达的根系冲散海浪和潮汐的冲击，沉积出

晚霞在深圳湾投下绚丽色彩
鸟儿们抓住退潮的机会忙着觅食
胡柳柳摄

“深圳湾是城市前行的‘价值岔路口’，这个地方的进进退退，代表深圳这座城市价值观的一些变化。”

——深圳湾公园规划设计的项目负责人朱荣远

适合众多小型底栖生物栖息的淤泥，败落的红树枝叶落入泥沼，又被分解成有机碎屑，让这片红树林更加富饶。鸭类在这里滤食水中的藻类和小动物；鹭鸟和黑脸琵鹭用长脚淌着水寻觅鱼虾；鸬鹚一次次下潜，捕捉被丰富的有机物滋养肥美的大鱼。正是红树聚集起一片丰富的生态环境，吸引着鸟儿年年赴约。

为了有效保护这片处于特大城市腹地的红树林湿地系统，深圳湾启动了滨海红树林湿地修复行动，通过红树林湿地保护、可持续管理、人工种植红树林等方法，保证了红树林总面积不再减小并逐步扩大。

随着红树林的恢复，深圳湾往日的盛景重现。如今深圳湾公园沿岸已有多处稳定的候鸟观察点，吸引着各年龄层的人们专程观赏。每到节假日，深圳湾公园人头攒动，不仅有普通游客，更有穿着户外服装，拿着望远镜、专业摄影器材的观鸟拍鸟爱好者。鸟儿也能感受到深圳人的友好，与人距离亲近。这也成了深圳一道独特的风景，让深圳湾成为全国著名的水鸟观赏地之一。

西湾——最美夕阳映红树

在很多不是宝安土生土长的居民的认知中，宝安并不与海联系在一起。

宝安沿袭了深圳前身——宝安县之名，但在特区成立之初，宝安只是“二线关”外的都市远郊，遍布工厂与城中村，因为低廉的房租和生活成本成为很多来深奋斗者的第一站。凭借得天独厚的地理条件和改革创新意识，宝安在后来的 30 年间持续发力，从 2017 年起国家高新技术企业数量超过南山区成为全市第一，专利数也领跑深圳。在宝安的奋斗史中，填海造地也如影随形。深圳总填海面积 126.5 平方千米，宝安区填海面积就占据了 83.5 平方千米。填海带来了宝贵的土地资源，同时也让天然海岸线被僵直的人工海岸线取代。人工海岸中并非都是填海工程，还有为抵挡海浪侵蚀而建立的防波堤等建筑——天然海岸减少，原本起到屏障作用的红树林随之退位，海岸也就丧失了这层天然屏障，抵御台风等自然灾害的能力减弱。

陷入恶性循环的海岸自然对人们缺少吸引力，长久以来，宝安居民靠海而不亲海，宁愿跨越几十千米去深圳东部看海。

宝安人与海的亲近也因红树而达成。

西湾红树林公园
越众文化航拍

随着西湾红树林公园一期 2015 年开园，宝安人逐渐被这个家门口的公园留住了脚步。二期更是以“海韵相伴、红树相伴”为主题，突出红树林生态、地域文化和海滨风情三大特色，并切实在设计与规划中下大力气修复红树林、重建海上森林。这次，人们把天然植物隆重请回来，提出“三层生态立体防台风措施”，构建百亩红树林一原有海堤一海堤内木麻黄林这样巧妙的三道屏障，满足城市实用功能之外更让自然生态重回西部海岸。

如今在社交平台上搜索“深圳最美夕阳”，西湾红树林多半会出现在榜单前列，红树、潮汐、大桥、落日，红树林的美好又岂止是那伫立水中的身姿和油绿一片？

西湾红树林的
秋茄树已经成林
李普曼摄

坝光湾——由红树揭开古老秘境

站在坝光湾蜿蜒而宁静的海边，从盐灶到产头再到田寮下，绵延数千米的海岸线上，高低错落地长满了银叶树、秋茄、白骨壤、蜡烛果、木榄、红海榄等红树植物。这片红树林是迄今为止深圳志愿者人工保育持续时间最长、参与人数最多、人工种植面积最大的一片红树林，10 年来，参与这个项目的志愿者已有近万人次，种植红树约 20 万株，成林面积已达 90 亩。

处于深圳东海岸的坝光湾是幸运的。地理上远离都市中心区，在很长时间里无须承担经济发展的压力，群山环抱，静谧野生，被称为深圳最后的世外桃源。1998 年，人们惊讶地发现，坝光拥有中国最古老的银叶树群落。传说数百年前，坝光的居民从东南亚带来了几颗银叶树的种子，这几颗种子在坝光生根发芽，成为坝光村民的“风水林”和“庇护神”。又或许，是这片银叶树的前身发挥“海漂植物”的特长，自己从某处漂到坝光生根发芽。

历史已不可考，500 岁的银叶树用粗大的板状根盘踞泥滩，树冠密得让海边热烈的阳光只能斑斓投下，古树不语，任人遐思。

坝光银叶树湿地园最大限度地保存了红树林与古村
李普曼摄

坝光湾的命运也并非没有波澜。在遥远的过去，这里的红树林是当之无愧的海上森林，20 世纪六七十年代，大规模的围海造田运动使红树林数量锐减，20 世纪 90 年代，集约式海产养殖又让红树林海岸受到损毁。2013 年，深圳能源集团选址计划在坝光地区建滨海燃煤电厂。这一消息牵动无数人的心，经过科学研究，三个月后，项目被叫停，深圳人再一次在经济效益面前选择了保卫红树林。

随着城市发展，坝光湾势必不会永远是一片世外桃源，远离喧嚣也意味着会存在难以保护、监管的问题。这片红树林将何去何从呢？坝光银叶树湿地园的规划孕育而生，湿地园以深圳高端生态会客厅为定位，设计坚持“生态为重、保护优先”的理念，用尊重的态度最大限度维持古银叶树群落等原生态资源以及客家古村文化，打造集保护功能、生态功能、生态旅游（限流）、特色客家文化、科教功能于一体的原生态湿地园。

古老的银叶树无声伫立
南兆旭摄

坝光湾不再是藏于山海的秘境，它欢迎热爱自然的人们，用壮观的古树群给人以震撼，让人从美景中看到红树的力量。就在 2022 年年底，这片平均年龄 200 余岁的银叶树林入选“广东十大最美古树群”，古老的红树故事将在深圳续写下去。

银叶树的板根
南兆旭摄

02 秘境红树林

从秘境之眼看红树林

红树林分布在热带、亚热带海岸潮间带滩涂，在大多数植物无法扎根生长的高盐环境下，形成独特而丰富的红树林生态系统，被称为“海上森林”，以较低的植物多样性支撑起极高的动物多样性。

在我国，南方沿海城市的海岸是红树林的主要分布地，也是经济发达地区和人口聚集地。福田红树林自然保护区就处于深圳繁华都市之中，如果红树林里栖息的水鸟抬眼遥望，就能看到深圳中心区的高楼大厦。而深圳人在徜徉海岸美景时，也时常可见红树林上空鸬鹚列队飞行、猛禽傲然巡视。

深圳人有幸与红树相伴，飞鸟与城景相映，形成深圳一道独特的风景线，红树林的生态价值也早已为深圳人所认同。不少深圳人都能够说出一些红树林鸟类的名字，在红树林中栖息觅食的国家一级保护动物黑脸琵鹭更是成了深圳人心中的“市鸟”。深圳人对红树林的熟悉，除了深圳人对家门口动植物的细心观察，也与红树林保护区的监测和宣教工作分不开。

红树林扎根在海岸甚至海水中
被称为“海上森林”

在福田红树林保护区，数台 4K 镜头 24 小时记录着红树林里的故事，成为人类在红树林里的眼睛，悄悄观察着野生动物在这片自然家园的一举一动，这些设备因而也被称为“秘境之眼”，让人们在不打扰动物的情况下能从屏幕中窥见它们最自然的姿态。

秋冬是黑脸琵鹭来到红树林的季节，每年秋风渐起的时节，市民来到深圳湾会在某一天突然惊喜地发现，“黑琵来啦！”

被深圳市民爱称为“黑琵”的是深圳红树林明星鸟黑脸琵鹭，它们究竟是哪一天来赴红树林年度之约的呢？ 2022 年 10 月 9 日，在福田红树林保护区的“秘境之眼”监视屏中，深圳人喜爱又熟悉的身影闯入视线：一身洁白羽毛，嘴巴像饭勺一样扁平厚重，黑色从嘴尖一直连到眼睛。工作人员一下兴奋起来，黑琵来啦！

画面中，一小群黑脸琵鹭在红树林滩涂上悠然觅食，它们时而惬意地整理羽毛、时而把脑袋插在翅膀中小憩。

回看视频记录，工作人员发现，原来它们一大早就来了，6 只黑脸琵鹭先是在红树上站立休息了一会儿，随着中午潮水退去，养足精神的“黑琵”们便飞下红树，开始用它们自带的“饭铲”嘴巴卖力翻找滩涂上的小动物，滩涂淤泥中的小鱼小虾、螃蟹和软体动物是它们的最爱。红树林的小型底栖生物丰富，就像黑脸琵鹭的大食堂一样，这也是它们每年与深圳相约红树林的重要原因之一。

黑脸琵鹭外表独特
陈俊兴摄

扫码
遇见 2022 年第一批
光临深圳的黑脸琵鹭

飞鸟与城景相映
胡柳柳摄

大雨倾盆，看看鸟儿如何避雨？

当乌云压城，人们感到一场倾盆大雨即将来临……这时大多数人的反应是赶快回家躲雨，即使暂时回不了家也要尽快找到建筑物避雨，不得不出行则带好雨具、搭乘交通工具。那么当大雨倾盆，鸟儿们如何避雨呢？

即使是资深观鸟爱好者也未必记录过大雨中的鸟儿，毕竟人们出门观鸟大多是在晴朗的好天气。福田红树林保护区的“秘境之眼”摄像头帮人们观察了鸟儿的避雨方式，那就是——站着不动！

在监视画面中，红树成了几只黑脸琵鹭在不断上涨的海水中的方舟，它们伫立在树冠顶端，任由雨水打下来，时不时抖动一下羽毛，看起来倒是并不狼狈，甚至还有些惬意。

它们怎么不怕淋雨呢？对于野生动物来说，刮风下雨是家常便饭，大部分成年鸟类，尤其是水鸟，也并不畏惧雨水。这是因为，鸟类表层羽毛交错勾连，能起到挡水作用，需要在水中觅食的鸟类还有发达的尾脂腺，能够分泌油脂。我们看到深圳湾的鸭子经常扭着脖子啄屁股再仔细梳理羽毛，就是在给羽毛抹油呢。与油纸伞的原理类似，涂了油的羽毛能形成防水层，让水珠难以渗透沾湿内部保暖的绒毛。因此，鸟儿们站着不动，把绒毛蓬起、外层羽毛贴紧，就像穿了雨衣，静静等待雨停就好了。在鸟儿的育雏阶段，鸟巢里的亲鸟会在下雨时张开翅膀把雏鸟护在身下，这是因为雏鸟还没有长出完整的防水羽毛，被淋湿会有失温的危险。

鸟儿在大雨中怎么度过？快扫码看看吧！

红树林居民档

夜鹭在红树林上筑巢繁衍
大雨 摄

红树生长在高盐的温暖海岸，扎根泥泞之中，成为抵挡风浪的海岸卫士，也成为海上森林，为成百上千种动物提供了栖息的家园。

像陆地森林中的植物一样，红树本身能够成为动物的食物，如一些鳞翅目的昆虫幼虫，就以红树嫩叶为食。红树所固定住的滩涂，又像富饶的土壤一样蕴含丰富有机质，哺育着深藏泥里的软体动物、四处觅食挖洞的小蟹、随着潮汐移动的弹涂鱼……鸟儿们和一些食肉目哺乳动物则被小动物们吸引，来到红树林享用滩涂上的美味。红树林就这样在海洋与陆地之间撑起一片生机勃勃的独特生态系统。

这片生机秘境不像高原荒漠那般遥远，就在我们身边，与人类分享着富饶的南方海域。而对大多数普通人来说，红树林又是神秘的：泥泞的滩涂并不适宜人类活动，尽管近在咫尺，很多人也未曾走进过，只望得见那一片油绿的树冠。

红树林里都住着谁？

飞鸟

探寻红树林这片秘境，在一片泥褐色和树叶的绿色之中，目光首先会被那些洁白的羽毛吸引。爱吃鱼的鹭鸟自然是各地红树林的常客。

鹭科鸟类长腿长嘴，正适合滩涂生活。深圳常见的有白鹭（Egrettagarzetta）、池鹭（Ardeola bacchus）、大白鹭（Ardea alba）、苍鹭（Ardea cinerea）等。它们之中，有些总是很有耐心，如池鹭、苍鹭和大白鹭，常站在水里或者岸边一动不动地盯着水面，看似发呆，实则正注意着水里鱼虾的一举一动，找到机会会像发射弓箭一样弹出长嘴插向目标。有些很会动脑子，白鹭会用脚趾来回搅动水，浑水摸鱼的功夫一流。它们的食谱还很广泛，昆虫、蛙、小螃蟹等，红树林里能吞下的小动物都可以成为白鹭的美餐。红树林对于鹭鸟来说，不只是餐桌还是育儿所。红树林长在海岸淤泥之中，远离了人类的干扰，也不易被天敌发现，而且食物丰富方便亲鸟觅食。

一对针尾鸭在深圳湾悠然游动
南兆旭 摄

在繁殖季节，常可听到红树林中传来高高低低的沙哑“呱呱”叫声，很可能就是鹭巢里发出的。鹭鸟为了安全起见，常会聚在一起筑巢育儿，会形成一片庞大的规模，这样一旦有天敌出现，一只发出警报声就能让一大群鹭鸟警惕危险的存在。

大明星国家一级保护动物黑脸琵鹭（Platalea minor）与鹭鸟同属鹈形目，但不同科。黑脸琵鹭也有长腿长嘴，只是脖子粗短很多，嘴巴也不像鹭科尖锐，而是像饭铲一样扁粗。这就决定了它与鹭鸟不同的觅食策略——它可耐不住性子一直悠然站着等待机会再出击，觅食时会把饭铲式的嘴巴一直插入水中，排雷一般左右扫荡，夹到猎物再抬起头，调整角度一仰脖子吞进去。黑脸琵鹭捕食的鱼儿一般比较小，靠着勤劳多抓几次也能吃得美滋滋。

黑脸琵鹭以小型动物为食
陈俊兴 摄

留着小辫子的凤头潜鸭
南兆旭 摄

说完大长腿们，红树林湿地中还有一群经常看不到腿脚的“水上漂”。脚趾间长着蹼的鸭子们都是游泳健将，不管潮位高低它们都能悠然在红树林间觅食。涨潮时，表面看起来鸭子们仿佛只是在漂荡，其实水面以下它们的小脚丫都在卖力拍打着水呢。鸭科鸟类有着发达的尾脂腺，能分泌大量油脂用于给羽毛表面涂油防水，这样它们能够像皮筏艇一样稳稳地漂在水面，水珠溅到身上也能很快滑落。

深圳的鸭科鸭属鸟类以深圳湾红树林中最多，其中又以琵嘴鸭（Anas clypeata）和针尾鸭（Anas acuta）等最常见。琵嘴鸭与大明星黑脸琵鹭有一些相似之处：嘴巴都像个饭铲一样宽大。

琵嘴鸭的小饭铲还更多功能：内部有一排像梳子一样的角质构造，能够让它在水中高效觅食——把嘴巴放在水中来回摆动，水流进入嘴巴再流出去，营养物质就被梳子过滤保留下来了。小饭铲还可以像真正的饭铲一样，在泥底挖掘小螺和软体动物等底栖食物。当看到琵嘴鸭屁股朝上几乎垂直地倒立在水中，就是在挖东西吃呢。

同为鸭科，潜鸭科的鸟儿还有潜水技

寄生无瓣海桑的珍钩蛾
陆千乐 摄

在红树林间觅食的东亚蝗莺
陈俊兴 摄

能。深圳湾有数量庞大的凤头潜鸭（Aythya fuligula），雄鸟脑袋后面有一束不羁的小辫子，因而得名。潜鸭不擅长像琵嘴鸭那样边游边滤食，喜欢倒立水面头朝下找寻食物或者干脆一猛子扎下去抓鱼。潜鸭爱潜水的性情决定了它们更能适应较深的水位，当潮水上涨时会离岸更近一些。傍晚退潮时它们干脆召集同伴一起，就在红树林泥滩上把头扎进翅膀呼呼大睡。

来到红树林秘境的鸟儿也并非都为了吃“海鲜”。

多种昆虫都以秋茄、海桑等红树植物为食，如莱灰蝶、砾黄枯叶蛾等鳞翅目昆虫的幼虫，就以红树植物为寄主，因而红树林也常可见蝶影翩翩。红树林也是个昆虫王国，一些食虫鸟自然乐于来赴宴，替红树抓虫治病。被世界自然保护联盟认为处于“易危”境地的东亚蝗莺（Helopsaltes pleskei）就很依赖红树林等海岸湿地环境，每年秋冬都会出现在大湾区一带的红树林中，在这里躲避北方的严寒，勤劳地寻觅美味的虫子好摄取充足营养准备来年的迁徙。这种数量急剧下降的鸟儿未来命运如何，就在于人们如何对待沿海湿地。

深圳湾里的候鸟群
南兆旭 摄

蟹

红树林湿地泥滩中含有丰富的有机质，一些滤食性的螃蟹就在这个乐园中生活，而且各有各的独特之处。

沙蟹科招潮属的弧边招潮蟹（Uca arcuata），雄蟹只有一只威武的大螯，另一只螯和雌蟹的类似，只是不起眼的小螯。哪只螯更发达还不是固定的。观察发现，大螯可能在左边，也可能在右边。原来，招潮蟹一开始都是像雌蟹那样两边都是小小的螯，随着生长发育一只螯会长成大螯，另一只则保持原样。招潮蟹的大螯是用来跟对手干架或者向雌性求偶、恐吓入侵者的。有趣的是，一旦大螯不幸折损，原来的断处只能长出小螯，另一只小螯却会发育成大螯。

为什么招潮蟹只有一只大螯呢，也许与它们爱钻洞的性情有关，为了能钻入窄小的洞口，需要保持小巧的身型，只长一只大螯能让这只螯尽可能长得巨大。作为红树林中众多动物的盘中餐，弧边招潮蟹需要小心谨慎地生活，便在泥滩上挖了很多个能容自己侧身进出的窄洞。在洞口附近抓紧时间滤食淤泥中的营养物质，一旦有风吹草动，立刻钻回去。

短指和尚蟹
陈逸 摄

红树林里还有一种不走寻常路的螃蟹。螃蟹横着走的形象已经深入人心，短指和尚蟹（Mictyris brevidactylus ）却偏要一心向前。大多数螃蟹头胸甲宽阔扁平，限制了腿部的移动，腿关节演变得只能上下移动，因而只能横着走。短指和尚蟹的头胸甲圆而紧凑，像个缝制的皮球一样，与腿不在一个平面，让它的腿能够灵活移动。短指和尚蟹除了能够向前直走，还能像个陀螺一样转着圈把自己钻进淤泥中迅速藏起来。

遇到风吹草动就躲进洞里的弧边招潮蟹
南兆旭 摄

在洞口边觅食的弧边招潮蟹
南兆旭 摄

弹涂鱼

鲈形目成员众多、形态各异，大多数是海鱼。其中弹涂鱼是最为特殊的一类，也是红树林里的“居民代表”之一。弹涂鱼不在水里游动，而是用胸鳍和尾鳍在水面上、沙滩和岩石上爬行或跳跃。这是因为它们可用内鳃腔、皮肤和尾部作为呼吸辅助器官，只要身体保持湿润，便能较长时间露出水面生活。

弹涂鱼喜欢温暖的潮间带泥滩，以底栖藻类、小昆虫等小型生物为食，底栖生物丰富的红树林便是它们最适宜生活的地方。弹涂鱼有穴居习性，洞穴还很精致，一般孔道必定有 2 个以上的洞口，一个是正洞口，另一个是后洞口，正洞口为出入要道，后洞口作畅通水流和空气流通用。洞穴是弹涂鱼防御和繁殖后代的场所，因此它们对自己的洞穴非常看重，可以为了保卫洞穴张开鱼鳍、鼓起腮帮，与对手大打出手。

弹涂鱼没有螃蟹的大螯，是怎么挖出长长的孔道洞穴的呢？弹涂鱼在钻洞时会用嘴巴含住一大口淤泥，然后退出来把泥条吐出来，就这样一趟趟搬运，挖出自己的家。

高高跃起的弹涂鱼

03 保卫红树林

200 公顷红树林保卫战

红树林湿地是一种重要的湿地类型，在净化海水、防风消浪、维持生物多样性、固碳储碳等方面发挥着极为重要的作用，也是深圳这个海洋城市最富有地域特色的生态系统之一。早在 2007 年，红树林就坐上了深圳“市树”交椅，足可见深圳人对红树林真诚的喜爱和重视。

红树林湿地也是一种非常脆弱的生态系统。红树分布在热带、亚热带海岸带海陆交错区。这些地区人口密集，还有着迫切的经济发展需求。在人类活动的影响下，全世界红树林的面积正以年均 1% 的速度减小，并面临着生物多样性降低、生态系统服务功能退化等严重威胁。近年来，我国加强红树林保护，2019 年，我国红树林面积恢复至 2.89 万公顷，成为世界上少数红树林面积净增加的国家之一。

如何平衡经济发展与红树林保护？深圳样本并不完美，但也许能提供一些思路。2022 年，深圳全市有红树林 213.62 公顷，约等于深圳土地面积的千分之一。除了福田红树林自然保护区，深圳宝安区沙井、福永、西乡，南山区沙河，大鹏新区坝光、葵涌、南澳等地也有一定规模的红树林分布。

MCF 红树林基金会
“重建海上森林”项目种植红树苗

可以说从西至东的海岸线上，都有红树的身影。面积最大的深圳湾一带的红树林更是紧邻繁华都市，与摩天大厦共同成为深圳中心区的地标，不仅强力支撑了深圳滨海的生物多样性，还成为老百姓休闲观光和自然教育的场域。2019 年，深圳湾滨海红树林修复工程成为“广东省首届国土空间生态修复十大范例”之一。

200 多公顷的面积放在全球红树林矩阵中只能算很小的规模，福田红树林自然保护区也确实是我国面积最小的国家级自然保护区。但在常住人口近 2000 万的一线城市深圳，这片红树林的重新兴盛无疑给平衡自然保护与经济发展提供了一个榜样。

红树林的明星物种——黑脸琵鹭
陈俊兴摄

众志成林

深圳被称为奇迹之城。从小渔村到国际大都市，从经济特区到先行示范区。刚刚迈入不惑之年的深圳，全市 GDP 已经跃升至全国第三位，经济上取得的伟大成就举世瞩目。

经济发展需要土地空间，当有限的土地空间难以满足高速发展，沿海城市开始向海洋要地。那过去的岁月中，深圳与红树的关系也有过紧张时期，拉扯的重点就在如今成为人与自然和谐相处典范的福田红树林。早在 1984 年，福田红树林自然保护区就已正式创建，1988 年被定为国家级自然保护区。20 世纪 80 年代，深圳经济建设中心在罗湖，深圳湾一带几乎没有被大规模建设，福田红树林自然也一派悠然。深圳不断成长，时间来到 20 世纪 90 年代，随着第二次建设浪潮来到福田，有限的滨海土地显然不够用了，零星的填海毁林时有发生。

紧随其后的是 1994 年的滨海大道规划建设。早期的深圳大学校友还记得，深圳大学宿舍曾经是“海景房”，今天的世界之窗、锦绣中华所在地，过去紧邻海岸线。1995 年，规划涉及福田红树林保护区核心区，可能会对鸟类密集分布的这片红树林造成不可逆转的破坏。红树林保护区的工作人员听闻，24 小时守着红线内的红树林，生怕这片宝贵的红树林遭到不测。最终，在红树林保护区、政府、社会各界热心人士的争取和与规划建设方的协调下，滨海大道改道向北移动 200 米，避开了红树林的核心区，保住了生态效益最高的一片红树。但是也不能忘记红树的牺牲——在经济发展的压力下，保护区不得不重新调整红线范围，西面和西北面的两块红树林被推倒填埋。

随着深圳湾公园的规划建设，这一带海岸线基本固定，向海洋要土地逐渐变为依托滨海洋资源改善自然与人居环境。“十三五”以来，深圳共修复红树林湿地面积 43.33 公顷。按照《广东省红树林保护修复专项行动计划实施方案》相关要求，2020 年至今全市已完成 12.72 公顷的造林，以及 12 公顷红树林的修复。

红树林保护区里的常见红树植物：秋茄

政策法规层面也在为红树林的重新兴旺护航。2020 年 8 月，自然资源部、国家林业和草原局印发《红树林保护修复专项行动计划（2020—2025 年）》，对浙江省、福建省、广东省、广西壮族自治区、海南省现有红树林实施全面保护。要求推进红树林自然保护地建设，逐步完成自然保护地内的养殖塘等开发性、生产性建设活动的清退，恢复红树林自然保护地生态功能。实施红树林生态修复，在适宜恢复区域营造红树林，在退化区域实施抚育和提质改造，扩大红树林面积，提升红树林生态系统质量和功能。到 2025 年，营造和修复红树林面积 18800 公顷，其中，营造红树林 9050 公顷，修复现有红树林 9750 公顷。

“十四五”期间，《深圳市湿地保护规划（2021—2035 年）》将编制完成，探索适宜深圳国际化大都市特征的湿地保护形式，提高深圳湾、大亚湾、珠江口等重要滨海湿地区域保护的全面性和科学性；福田红树林湿地已经成功入选“国际重要湿地”，未来将进一步密切深港协作，完善深圳湾—香港米埔湿地群保护的整体性；全面开展红树林保护修复，营造及修复红树林面积至少 51 公顷，保护乡土红树林群落。

目前，国家林业和草原局已批准福田红树林湿地顺利加入“国际重要湿地”，这将有利于深圳深度参与湿地公约事务，为全球湿地保护修复贡献更多方案。从 30 年前红树林保护区及社会各界对核心区的捍卫，到深圳经济发展到一定阶段后大众对红树林的关注、重视，再到政策层面的强力保证，红树林兴盛的明天已经能够看到曙光。

巡护红树林，他们八项全能

深圳红树的命运随着城市发展和理念更迭起起伏伏，在社会各界的不断努力下，红树林曾经的创伤已渐渐开出希望之花。重新兴盛的 200 多公顷红树林，离不开“海上护林员”日复一日的细心巡护。

在福田红树林自然保护区，管理站共有 10 名基层工作人员，都是与红树林朝夕相处的老员工，最久的一位已陪伴这片红树林超过 25 年。

福田红树林位于深圳湾东北部，东起新州河口，西至深圳湾公园，南达滩涂外海域和深圳河口，北至广深高速公路，沿海岸线长约 9 千米，总面积 367.64 公顷，是全国唯一处在城市腹地且面积最小的国家级保护区。

即使是面积最小的国家级保护区，要守护好福田保护区中约 100 公顷的红树林也并不容易。是否有人非法捕捞、渔猎？红树植物生长是否正常？基围鱼塘水质是否良好？这些关系到红树林生态健康的问题还只是工作人员每天要关心的事务中的一部分。

大到从陆地区域巡护、海上巡护、野生动物疫源疫病监测、鱼塘生境管理，小

巡护员和他们

到修亭子、疏通排水口、清理被吹落的树枝……这群基层守护人员就像这片红树林的管家，每天事无巨细地打理好保护区的一草一木、一边一角，在长年累月的工作中练出了“八项全能”。

海陆全地形巡护

在所有工作中，巡护是最基本也是最辛苦的。通过雷打不动的每日巡护，红树林里的大小问题才能够被及时发现、处理。

一种是陆上巡护。在海岸线上，巡护员可以骑着电动车节省时间，沿途查看红树的生长情况，发现严重病虫害及时报告，也要留心有没有非法捕捞渔猎的情况发生。而在小公园木栈道、观鸟亭等区域，为了不惊扰鸟类，巡护员要靠步行完成巡查工作，一片片红树查看过去。巡护员通常一天要来回巡护四趟，日行万步是再正常不过的强度。

另一种则要借助工具下滩涂。 红树林长在海岸泥地上，要深入红树林巡护也得像弹涂鱼一样“亲近”泥巴。人并不适

合在容易深陷的滩涂活动，怎么办呢？他们借助一种类似“滑板车”的工具，只是无法站立使用而要单膝跪在上面滑行。即使借助工具、穿有长筒胶鞋，每次下滩涂巡护，上来都已经成了“泥人”。

春夏滩涂上缺少遮阴，在泥泞中滑行，头顶是焦灼的烈日。到了冬天，海水冰冷，在泥滩上又要遭受刺骨的寒冷。滩涂巡护工作通常需要两小时，红树林里除了他们，就只有吞吐着淤泥的弹涂鱼、招潮蟹，还有远处疾走的鸟儿。这么辛苦为什么还要下滩涂呢？滩涂巡护的主要目的是排查人为投放的非法渔具，也要清理从其他海域飘来的蚝排等养殖设施。红树林保护区表示，在非法捕捞最猖獗的时候，巡护员们曾一年收缴一万个渔笼。而仅在 2019 年，巡护员们下滩涂就拆除了 10 张海漂蚝排，一个蚝排有上千斤重，漂到红树林区域很容易把红树压断甚至压死。

红树林中的鸟儿各自有对水位不同的需求

为鸟承包鱼塘

在红树林保护区，有 30 多个鱼塘。这些鱼塘不是为养鱼而是为了养鸟。

这些鱼塘能够调节水位高低，来适应不同种类的候鸟对水位的不同要求。为了满足候鸟栖息及科研工作的需求，在科研人员的指导下，巡护员要不定期手动调整水闸板的高低，好进行水位调节。时间长了，凭借经验和感觉，巡护员基本能准确判断出水位达到哪种程度、能吸引哪种鸟类停歇。

鱼塘边的芦苇荡看起来充满田园诗意，也是一些雀形目鸟儿的栖息地。但对于喜欢在滩涂觅食的候鸟来说，太过茂密的芦苇反而会侵占它们的食堂。因此，每年 5 月和 9 月，巡护员们会各修剪一次芦苇，给即将到来的候鸟腾出觅食区域。为了红树林能健康生长，巡护员们还要不定期清理绿藻。

灭虫打绿怪

福田红树林自然保护区里拥有全市一半面积的红树林，病虫害是不能忽略的问题。多种鳞翅目昆虫幼虫和蜡蝉都喜欢以红树为食，如果不加干涉也会出现成片红树枯萎的现象。广翅蜡蝉和海榄雌瘤斑螟是红树林的主要虫害。

既要有效灭虫，又不能污染环境，对红树林栖息的动物产生危害。保护区采取化学与物理武器并用的方式，喷洒低毒生物农药，同时在红树上放置粘虫贴，双管齐下有效控制住了虫害。参观保护区时，如果看到红树上挂着一些黄色卡片，那些就是用来粘住飞虫的。

除了虫害，植物也能对红树造成威胁。例如，薇甘菊、五爪金龙这些擅长爬藤蔓延的入侵植物，能快速缠绕覆盖住其他植物，放任下去受害植物会因缺乏阳光照射而影响生长。因此，巡护员们看到这些入侵植物的身影就会尽快拔除。

给鸟儿做体检

福田红树林是东亚一澳大利西亚候鸟迁徙通道上重要的“越冬地”“中转

为了降低重心，巡护员们需要用单膝跪地的方式在泥泞的滩涂滑行

站”“加油站”，共记录过鸟类 262 种，其中 59 种为国家重点保护鸟类。如此庞大的“鸟客流量”，让保护区成为预防禽流感等病毒传播的前沿哨所。2006 年，广东内伶仃福田国家级陆生野生动物疫源疫病监测站设立，成为深圳市唯一的国家级监测站。

每年 9 月至次年 5 月是候鸟迁徙季，为了预防候鸟携带病毒迁徙、传播疫病，做好候鸟疫源疫病监测工作，2 名监测员常常在福田红树林与内伶仃岛两处来回跑，沿着 3 条监测路线，到 6 个监测点开展巡查工作，观察、记录野生动物种类、数量、安全状况、行为是否异常、是否存在异常死亡等信息，形成日报报送。

此外，福田红树林内设有 10 个鸟粪采集点，需定期采集鸟粪送检化验，确保区域生态环境安全。

这些工作既重要伟大，又琐碎枯燥。就是这样日复一日、年复一年地坚持和坚守，为深圳红树林的重新兴盛保驾护航。在与红树林的朝夕相处中，巡护员与红树林的感情日渐深厚；在最亲近红树林的岗位上，巡护员见证着红树由少到多，迎来送往一群群候鸟……

保卫红树林，自然教育在行动

11 月 9 日，《湿地公约》第十四次缔约方会议（COP14）瑞士日内瓦分会场“面向 2030/2050 年的全球红树林”边会召开。会上来自深圳的福田红树林生态公园被国际湿地中心授予全球首批“湿地教育中心星级奖”，红树林基金会守护深圳湾项目总监、福田红树林生态公园执行园长尹玉柱介绍了深圳湾项目的社会化参与湿地保护模式探索，在国际层面展示了深圳自然教育的突出成就。

COP14 的重要边会，“CEPA 湿地教育与保护论坛”同日在深圳、武汉、日内瓦连线同步举行，分享了《湿地公约》CEPA 新策略、国际湿地教育网络全球动态、湿地教育中心行动计划等。在中国 CEPA 实践及经验分享环节，华侨城湿地也喜获国际湿地中心授予的全球首批“湿地教育中心星级奖”。华侨城湿地自然学校校长孟祥伟分享了基于深圳实践的中国湿地教育优秀案例。

从福田红树林生态公园与华侨城湿地所获得的荣誉中可以一窥深圳多年来在湿地自然教育、红树林保护上的努力和丰硕成果。

自然教育活动中公众观察红树林里的底栖动物

讲述“纪念园”故事的解说牌
刘丽华 摄

深圳湾“小钥匙”

自 2019 年起，由福田区政府牵头，在福田区水务局和各方专家支持下，福田区教育局、福田区科学技术协会、福田红树林自然保护区和红树林基金会进行四方合作，开展“福田区中小学湿地教育项目”，共同推动中小学生走进红树林湿地，在福田红树林生态公园和福田红森林自然保护区开展湿地教育活动。

福田红树林生态公园被亲切地称为“通向大自然的深圳湾的小钥匙”。它东临新州河，西接福田红树林自然保护区，南邻深圳湾，与拉姆萨尔国际重要湿地香港米埔自然保护区毗邻，占地面积约 38 万平方米。面积小巧、形状窄长，福田红树林生态公园就像一把钥匙，嵌合在广阔而生机勃勃的深圳湾海岸线上，是自然保护区的屏障和缓冲。这把钥匙守护着珍贵的自然宝藏——福田红树林自然保护区和香港米埔国际重要湿地。

承载着城市重要的生态、文化、游憩、科普等功能，福田红树林生态公园于 2016 年揭牌成为市级湿地公园。这里是濒危珍稀候鸟黑脸琵鹭的重要越冬地，近年来也频频惊喜出现 20 余年未见的欧亚水獭、豹猫、小灵猫等国家级保护动物。福田红树林生态公园先后被评为国家生态环境科普基地辅导点、国家生态环境科普基地等。

公园线下的自然教育，包含由自然导师带领的自然教育活动和以解说设施实现解说目标的“非人解说”。自然教育活动

介绍不同红树植物的解说牌
刘丽华 摄

丰富多样，有生态公园定点观鸟活动、科普讲座、清除入侵植物的“打绿怪，让自然回归”系列活动等。通过这些活动，公众在亲眼所见中对红树林的生态价值有了生动了解，对“入侵植物”“候鸟”等生态概念耳熟能详。深圳不少中小学生已经能够认出上百种野生鸟类，就是在耳濡目染中习得的知识和自然观察习惯。

解说设施因地制宜，不仅介绍公园的动植物，还将这片绿地的前世今生展示给公众。比如，园中园“第 19 届国际植物学大会纪念园”，如果不加介绍，这里看起来仿佛只是一片荒原。而实际上，这里曾经是一大片滩涂和红树林，经过城市发展的挤压，又被人们呵护和修复，在不同理念的博弈中形成今天人们看到的样子。纪念园位于深圳河与新洲河进入深圳湾的交汇处，生境包括入海河口、滩涂、红树林、陆地四部分。建设过程中，工作人员共清理了过去为了快速恢复红树林而引入的外来物种无瓣海桑 6774 株，并用无瓣海桑的木材就地修建了观察红树林的木栈道。把这样的故事讲给公众，也是在表明深圳对红树林的恢复和保护已经从追求量过渡到追求质的阶段。不仅要增加红树林面积，更要改善红树林的生态效益。

“国字号”城央湿地

比邻摩登的“欢乐海岸”、遥望现代高楼、紧贴着世界之窗和锦绣中华的欢声笑语：在一片繁华之中，掩映着深圳首家国家级湿地公园——广东深圳华侨城国家湿地公园。

华侨城湿地是全国面积最小的国家湿地公园，全国第一所“自然学校”也诞生在这里。在这片莺飞草长、红树伫立的城市绿地中，华侨城湿地以精细的管理、精巧的设计、精心的活动让这里的自然教育成为深圳的一张名片。

时间倒回 20 世纪 60 年代，华侨城湿地曾经是与深圳湾连通的天然近海与海岸湿地，红树林与今天的福田红树林保护区连成一片。20 世纪 90 年代后，城市建设发展，深圳湾海岸经历了浩大的填海工程，这片湿地与外界隔开，形成占地总面积 68.5 公顷，其中湿地面积 50 公顷，拥有原生红树林群落及种类丰富的动植物，是集生态观光与自然教育功能于一体的滨海湿地，同时也是国际候鸟重要的中转站、栖息地之一。这片宝贵的红树林湿地被幸运地保留下来，但由于填海，湿地正常水体交换受到影响，水质变差，生态环境也大不如前。2007 年，受深圳市政府委托，华侨城集团开始管理和修复这片湿地，逐步建起一座“城央滨海生态博物馆”。

根据多年的调查记录，华侨城湿地目前共有 194 种鸟类光临过，有至少 404 种植物在这里生长，其中有包括 4 种半红树在内的 13 种红树植物，还多次记录到国家二级保护动物豹猫在此自然繁殖的踪迹。

环境得到修复改善，动植物回归华侨城湿地，热爱自然的人们也来了。华侨城湿地实行“预约入园，免费开放”的模式，在园内设置解说系统、远程观鸟系统等，方便来访者在游园的同时了解一草一木，学习自然观察的技巧。园内充分融合无痕湿地、零废弃等湿地理念，实行“三不”原则——“蚊虫不消杀、植被不做景观修剪、

华侨城湿地全景图

晚上不开灯”，以“还自然一个自然的状态”的理念进行管理，在零废弃路上，可以看到孩子们在园区组织的自然教育活动中用台风刮断的断枝、倒树的树桩、芦苇秆等制作的奇趣艺术装置。

经过多年的经营，华侨城湿地不仅举办了上千次自然教育活动，更培养了一大批了解自然、能够向公众解说自然的优秀志愿者。在一届届志愿者的参与中，华侨城湿地把保护红树、尊重自然的理念种子撒播了出去。

环保志愿教师带领小朋友走进红树林

保卫红树林的科研力量

深圳要担负起“国际红树林中心”的重担，除了提高全民对红树的保护意识，也需要专业科研人员对红树的深入探索和研究来指导如何科学有效地保护红树林。我们请到了深圳大学生命与海洋科学学院（海洋研究中心）的周海超副教授，向这位青年红树林专家了解科研人员与红树的故事。

红树林研究者们在泥滩上采样

研究团队在红树林间穿行

课题组一次野外实习之后的合影

周海超

· 2012 年博士毕业于厦门大学环境与生态学院；

· 2015 年于香港城市大学生物与化学系完成环境生物学博士后研究工作；

· 2015—2017 年曾任职于香港城市大学深圳研究院福田—城大红树林研发中心主管 / 副研究员；

· 2017 年 4 月入职于深圳大学生命与海洋科学学院（海洋研究中心）。

负责海洋管理概论、基础生物学、环境生物学、生态学、生态学实验和自然教育培训等专业教学和专业实习工作。长期致力于环境生物学与生态学研究，特别是河口与滨海红树林湿地生态系统功能研究与生态修复，具体研究兴趣包括：

湿地生态系统的生物地球化学循环过程与功能

海湿地生态系统功能提升机制与技术研发

红树林湿地生物多样性监测、生态修复与保护

《自然深圳》:

周教授您好，您本身是植物学理学博士，长期致力于红树林湿地生态系统研究，能不能谈谈是什么机缘开始做这方面研究的?

周海超:

我是 2007 年在厦门大学开展的硕博研究工作，厦大的生态学和植物学主要研究方向就是红树林湿地生态系统，选择红树林为研究对象也算是顺理成章。同时我的老家就在中国最北的国家级红树林保护区——漳江口红树林保护区附近，红树林是印刻在童年记忆里的，比较熟悉，也很有感情。机缘巧合之下，我的博士研究工作可以说是在家门口完成的，这也是很特别的体验。

《自然深圳》:

很多读者对植物研究，尤其是红树林研究还是比较陌生的领域。其他植物学家经常要进山采集标本，作为红树林研究专家，您的工作中是不是经常需要下滩涂？可以介绍一下您的工作日常吗?

周海超:

从植物学的角度，红树植物确实是分布特殊的地域性植物群落，同时从生态学角度，也是湿地生态里的热带亚热带的河口或海岸潮间带湿地区域，都算是“小众”的；不过从分布上来说，全世界有 118 个国家和地区分布有红树林，其实红树林也是颇为“常见”的。希望未来红树林能在心理上成为人们熟悉的对象。

红树林湿地生态研究和其他生态学研究一样，有一个不可缺少的重要部分——需要基于大量野外调查研究，因此我们课题组有大半的工作是需要扎在滩涂潮间带。从滩涂采样后还得回到实验室，在室内进行各项化学、生理生态等分析。可以用“上得实验台，下得滩涂”来形容我们的研究工作需要的素质。

野外工作的确会很辛苦，除了要克服高温暴晒和各种蚊虫叮咬外，由于红树林里多数是使人深陷的泥质滩涂，滩涂作业还需要有很好的体力。当然，安全是野外工作的大前提，我们工作中要考虑特殊的潮汐周期，错判时间遇到涨潮将带来很大的危险。

红树林生态调查研究实在是不容易，需要有相当的兴趣和热爱来支撑，在此也希望未来能有更多青年才俊加入研究和保护红树林的科研队伍。当然，也不用被野外工作环境吓退，红树林研究方向也有偏向分子生态和遥感等的，不需要进行很多野外工作，可以根据个人情况了解和选择。对于我来说，野外工作虽然辛苦也是有很多乐趣和好玩的经历的。

红树林研究中的野外作业很多是需要趴在泥滩上进行的

《自然深圳》:

说到野外工作的乐趣，您深入红树林研究多年，肯定有一些有意思的经历吧?

周海超:

红树林里的趣事大都是与动物有关，我们知道，红树林湿地是生物多样性的热点生境，分布在海陆交界和大江大河的河口，不同类群的海洋和陆地生物都能找到适当的时空机会加以利用。天上飞的鸟类、水里游的淡咸水鱼、栖息于底泥的各类底栖生物，在红树林湿地每次都有新鲜感。

红树林的生态价值可能比我们目前了解的更大、更丰富，全球范围内，灵长类、偶蹄目动物甚至大型猫科动物都有被记录过出现在红树林中。深圳湾红树林监测到了欧亚水獭引起很大反响，豹猫、小灵猫和缅甸蟒这些则算是常客了。有次我们的红树林研究样地还被野猪糟蹋了，发现的时候大家都有些傻眼，因为事先没有预期到还能有这么大型的动物出现。当然，这也说明我们对红树林的了解还不够。

在 2022 年年底，我们开始利用卫星追踪器研究深圳湾的鸬鹚大军，新技术的运用带来新的体验和更丰富的数据，让人感觉很兴奋。今后，需要更多地运用新技术来观测研究红树林里的“神奇动物”。

《自然深圳》：

红树林的重要性已经为大众所认同，我们总说要保护红树林，您觉得目前红树林面临的危机有哪些？普通大众又可以做些什么来保护红树林呢？

周海超：

从全球范围看，红树林的主要分布区域都在发展中国家或落后地区，这些国家和地区还有很强的发展需求，伴随人口增长、经济发展带来的开发活动是红树林面临的主要威胁。比如，我国对红树林保护非常重视，但也会出现一些红树林保护与路桥码头等建设工程的冲突，经济发展与自然保护之间需要协调和平衡。

从个人层面，相信《自然深圳》的读者已经对红树林有一定了解，也认同红树林的生态价值，那么建议多参加咱们福田红树林保护区和红树林基金会的宣传活动、相关保育活动，对红树林多一些了解，尤其是小朋友，都是未来保护红树林的力量。

《自然深圳》：

“国际红树林中心”落户深圳，您从研究者和红树林的一线观察者角度，对此有哪些期待？

周海超：

“国际红树林中心”落户深圳是近期的大事件，可以说不只是红树林保护领域的大事件了。作为就身处深圳的一线红树林科研人员，对这件事当然很高兴，未来最希望的是我们团队能运用多年来在红树林领域的研究和积累，为“国际红树林中心”的建设尽一些力量。

“国际红树林中心”的建设和发展完善离不开“科学研究”这个内驱力。深圳大学是深圳最早的综合性高校，一直在积极做着各方面的生态研究，对深圳红树林长期关注。期待能通过这个中心平台建设把我们的红树林研究和世界更好地对接交流起来，因为目前我们在世界红树林“圈子”的声音还是不够的。

04

与红树林相约在未来

走出深圳看红树

过去四十年间，深圳红树林经历了繁荣、衰落，又在各界努力下重新兴盛。如今，深圳人对红树的认知更加深入，在科学研究的指导下对红树林的保护和修复不再只停留在追求面积上，更要注意提升生态价值。“国际红树林中心”落户深圳，是对深圳多年来生态文明建设和红树林保护的肯定，也是一份落在深圳肩上的沉甸甸责任。

放眼全球，中国成为少数红树林面积净增长的国家，但总面积仍然只占全球约千分之二。深圳要担起“国际红树林中心”的重担，就要不仅保护好自家红树林，还要用深入的研究、先进的技术和高水平的理念去引领全球红树林保育。

全世界的红树林大致分布在南北回归线之间的热带和亚热带海岸，在北半球，红树林最北可分布到日本鹿儿岛，在大西洋区域可分布到百慕大群岛。在南半球，红树林最南可分布到新西兰和南非东海岸。

红树林主要分布在印度洋及西太平洋沿岸 118 个国家和地区的海岸，总面积在 800 万 ~1800 万公顷。历史上，热带地区 75% 的海岸曾密布着红树林。处在太平洋和印度洋之间的群岛国家印度尼西亚，拥有全世界约 22.6% 的红树林，是拥有红树林面积最大的国家。全球红树林面积排名前十的国家，除澳大利亚外都属于发展中国家，人们对温饱和经济发展的急迫需

北部湾红树林总面积达 9412.11 公顷
成为广西得天独厚的地理条件
大雨 摄

求常常与红树林保护发生矛盾。在 20 世纪 70 年代的短短十年间，印度尼西亚 70 万公顷的红树林被砍伐改造成稻田和虾池，到 2000 年，又有 50 万公顷红树林被农田取代；菲律宾红树林面积更是由 1968 年的 44.8 万公顷锐减到 1988 年的 13.9 万公顷。即使在经济较发达的新加坡，受到大规模填海的影响，95% 的红树林也在现代化发展中消失。曾经有 50% 红树林覆盖的加勒比海地区，如今仅剩约 15%。可以说，全球范围内，红树林都面临着很大压力。

红树林的未来在哪里？从深圳出发，到邻近的我国广西北部湾、台湾省乃至新加坡去看看，探寻未来与红树林的相处之道。

北部湾带来的红树林味道

全球范围内，红树林面积大幅减小的主要原因可以归咎于围海造地和围塘养殖。这背后的原因与地区人口经济发展水平密不可分，当环境保护与当地居民的温饱和生存发生冲突，保护也就无从谈起。

在不砍伐填海改变红树林环境的前提下，对红树林的经济利用主要有滩涂采集、近海捕捞、养殖和生态旅游等。

在广西北部湾，沿海农户多年来靠海吃海，有利用滩涂养“海鸭子”的习惯，也就是在红树林中放养家鸭，让鸭子自由采食滩涂上的底栖生物。由于摄入动物性食物较多，农户们发现海鸭子产下的蛋比普通鸭蛋蛋壳更坚厚、口感更好，做成咸鸭蛋更有油脂产生的“流心”。

随着食品包装技术、物流运输等条件的改善，搭乘电商的东风，北部湾海鸭蛋售卖到全国各地，为人们所知。统计数据显示，2018 年，北部湾城市北海海鸭蛋产业规模超 5 亿元，其中网络零售额达 2.1 亿元，网络零售量达 710 万件，占全市实物电商零售量比例为 29.77%，排名北海实物电商产业第一。

在中国第五届红树林学术会议上，来自北部湾城市防城港的吴月涛介绍了他和合作农户们在红树林中养殖“海鸭子”的经验。他所经营的农产品公司采取“公司 + 农户产销一条龙”的经营模式，与北部湾沿海有传统养殖海鸭经验的农户合作，选

北部湾红树林中放养的家鸭 © 红树林保育联盟

择非保护地的连片红树林，及无污染、大面积的浅海滩涂为养殖基地，小规模、低密度放牧式放养海鸭，生产海鸭蛋。在整个放养过程中，海鸭的主要食料为小鱼、虾、蟹或小贝类红树林底栖动物，以鸭子在浅海滩涂和红树林中自主觅食为主，以补充形式添喂适量稻谷或经过破碎的玉米粒。

吴月涛强调，他对养殖户有一套严苛的养殖标准，反复强调“一定要低密度养殖，不能破坏红树林”。合作农户必须恪守规定，以极低的密度放养鸭子：3 平方千米的滩涂中只放养 4000 ～ 5000 只鸭子。而行业内一些海鸭养殖农户在同样面积可放养约 15000 只鸭子。

这也反映出一个问题：以电商平台海鸭蛋每年上亿枚的销售量，其中有多少是在不破坏红树林的前提下低密度放养生产，仍是个未知数。这就需要更加有序的市场准入机制和更为严格的监管机制，让红树林能够被养殖户可持续利用。

在海鸭蛋的热销下，北部湾红树林在全国范围内提高了知名度，间接带来了生态旅游和关注度。与围海造地和围塘养殖相比，红树林放养家禽的利用方式的确直接破坏性更小，带来的收入也能提高当地农户保护红树林的积极性。

台湾小亚马逊

在我国台湾省台南市，有一条“四草绿色隧道”，被誉为“台湾小亚马逊”。百年前，这条隧道早期可从四草湖通往今天七股一带，曾是运送盐、糖等民生物资的重要通道，两岸红树茂密，遮天蔽日，成为一条绿色隧道。由于水道较浅，只能搭乘竹筏通过，因而也称为“竹筏港”。竹筏港没落后，这条由红树林构成的绿色隧道更加茂密，吸引到的招潮蟹、弹涂鱼、鹭鸟等生物也让这里更有生机。如今，竹筏又每天从这条绿色隧道缓缓而过，搭载着喜爱观赏美好自然的游客，游览、探寻红树林里的奥秘。

生态观光是对红树林破坏性更小的一种经济利用方式。在四草绿色隧道搭乘竹筏，船上还会有专业的导览人员解说这条隧道的历史，一一介绍这片红树林中的各种动植物。与红树林生态导览配套，游客搭竹筏回到台江码头后，还可凭船票到一旁的抹香鲸陈列馆免费参观，馆内拥有全省最大、最完整的抹香鲸母子标本，并展出大量不同蟹的标本。在完备的旅游规划

台湾省“四草绿色隧道” 蔡明汕 摄

下，四草绿色隧道一直是台湾省热门的生态旅游目的地。

让现代都市成为野生动物乐园

新加坡在城市发展中损失了 95% 的红树林。这一不可逆转的损失虽然令人惋惜，但不影响新加坡成为世界范围内观察野生动物的胜地。

新加坡本岛加上周边 60 多个大大小小的岛屿也不过 700 多平方千米，比我国香港特别行政区还要小上 1/3。在有限的空间中，新加坡对自然资源进行了精细梳理，根据规划，2030 年，新加坡自然公园总面积将达到 550 公顷。目前已规划建成数百个遍布全岛的自然生态区，其中就包括多处交通易达、资源丰厚的红树林区域。

位于新加坡东北部的巴西立公园（Pasir Ris Park），也称白沙公园，占地 70 公顷，一部分是填海而来的土地。在这片现代都市中的滨海公园，分布有 6 公顷红树林，面积不大，但滋养着江獭（lutrogale perspicillata）、鹳嘴翡翠（Pelargopsis capensis）等极具观赏性的野生动物。更值得一提的是，这里稳定栖息着一种以“红树”为名的鸟儿——红树八色鸫（Pitta megarhyncha）。

红树八色鸫被世界自然保护联盟评定为“近危”，它色彩艳丽，长着厚实而粗重的喙，高度依赖红树林，喜欢在红树林滩涂上用嘴巴翻找底栖动物食用。红树林的保留，为这种美丽的鸟儿提供了栖身之地。

有着如此丰富生物多样性的巴西立公园，距离地铁站步行不到五分钟。让红树林融入人们生活，成为都市人休闲观光、自然观察与教育之地。新加坡与红树林的相处之道更适合发达都市，也与深圳建设深圳湾公园、福田红树林生态公园的思路不谋而合。

新加坡双溪布洛湿地保护区的海莲
陈艺 摄

新加坡红树林的萤火虫主题解说牌
陈艺 摄

巴西立公园的红树八色鸫
Geoff 摄

面向未来的红树林博物馆

在国际红树林中心落户深圳之前，深圳已经在为红树林准备大礼：国家林业和草原局与深圳市人民政府共同建设了国家一级博物馆——深圳红树林湿地博物馆（也称中国红树林博物馆，以下简称“红树林博物馆”）。红树林博物馆依托广东内伶仃福田国家级自然保护区管理局设立，集红树林生态保护、陈列展览、收藏保护、科普教育、科学研究与娱乐休闲为一体，是深圳市未来重要文化及公共服务设施之一，更是具有独特意义的深圳城市文化名片。红树林博物馆从 2018 年已开始开展用地选址、规划设计、展陈设计、展品和陈品征集等工作，落成后将有力服务于红树林保护和宣教工作。

项目地处福田与南山两区交界，位于“塘朗山—安托山—竹子林—深圳湾”山海连廊与深圳湾滨海休闲带的交会处，紧邻红树林国家级自然保护区、深圳湾公园、深圳国际园林花卉博览园、华侨城及福田交通综合枢纽等重要的城市设施与特色片区。在空间格局、区域交通、生态环境等方面具有突出的区位优势，对于强化深圳城市公共文化建设、生态文明建设、基础设施修复与再利用、城市公共空间营造具有极高的战略价值。红树林博物馆是山海连廊建设的启动项目，力求高标准，以国际化视野、前瞻性思维、创造性设计，完成高水平规划和高标准建设。

为了科学规划建设和永续运营中国红树林博物馆，项目方先后实地考察了国内的重庆自然博物馆新馆、上海自然博物馆新馆、香港湿地公园展览馆，以及法国、荷兰自然类专题博物馆，在借鉴成功经验基础上，最终将中国红树林博物馆建设规模确定为：建筑面积不小于 2.5 万平方米，其中展览与教育服务面积 1 万平方米，藏品贮存及库房面积 0.85 万平方米，公共服务区面积 0.4 万平方米，实验室、研究、设施设备及办公用房面积 0.25 万平方米，规

滨海湿地 - 福田红树林保护区

划客流量约 200 万人次 / 年。

博物馆展陈叙事初步规划为五部分：千米红树湿地景观、世界红树植物活体园、世界红树林核心展区、中国红树林展区、红树林探秘展区（包括红树林演化、红树林结构与功能、红树林多样性等 11 个分展厅），分别展示红树林景观、分布、进化、生理结构、生态功能、研究成果及对人类社会发展的贡献等。

在博物馆内还将设置开放实验室、组织红树林国际论坛、举办自然科学名家讲座、打造深圳市民环保大讲堂，呈现一个国际红树林研究与保护的科普教育宣传的交流平台。

这是红树林从国家层面被高度重视的体现，表现出中国社会各界对红树林的关注和深刻理解。可以想见，红树林博物馆正式开馆之日，深圳将聚焦全球红树林研究与保育领域的关注目光，深圳也在宣告作为“国际红树林中心”，未来将扛起红树林保育大旗的决心。

红树林博物馆鸟瞰效果图

灵动的湿地景观设计效果图

未来建筑

红树林博物馆从外观建筑设计上就下足了功夫。为选出最能体现博物馆理念的设计方案，采取国际竞赛的方式，由多位各领域专家层层研究、筛选，最终，由迹·建筑事务所（TAO）和艾奕康环境规划设计（上海）有限公司（AECOM）联合设计的方案，在国内外众多参赛作品中脱颖而出，赢得竞赛。

设计师受“飞鸟”和“红树”的姿态启发而展开想象，轻质的结构体系结合舒展的屋面形态，以轻盈优雅的姿态落于厚重的上盖平台上，尽量减少新建建筑体量对场地产生的压迫感。远观时，建筑四周被高大的绿树遮蔽，只有飞扬的屋面从树丛上方显露，仿若一群白色飞鸟掠过树梢。

红树林展示区效果图

未来空间

红树林博物馆从理念上与传统封闭式展陈的博物馆不同，处处以连接、开放、流动为关键词，让博物馆室内空间与户外红树林湿地相呼应。

比如，在博物馆面向海的方向，设计了半室外空间，提供了观察红树林湿地公园的绝佳观景平台。秩序中富有变化的弧形屋面形式，则结合不同的柱跨，呈现不同的空间尺度与自然采光方式，提供流畅

红树林博物馆设计从自然中获得灵感
轻盈清透①

丰富的空间游走体验，让访客在展览空间中的感受光影，参与大自然的变幻多彩。

靠近福田红树林生态公园的绿地，作为陆地和海洋的交接，是最佳的户外红树标本互动展示区域。博物馆在规划设计中保持了这块宝贵的近海绿地，在这条生态过渡带上，通过模拟红树林、近岸伴生红树林到次生红树林的自然过渡，帮助访客了解深圳海岸线自然生长模式。

红树林博物馆设计从自然中获得灵感
轻盈清透②

山海联盟名录

· 广东内伶仃福田国家级自然保护区管理局
· 深圳市梧桐山国家级风景名胜区管理处
· 深圳大鹏半岛国家地质公园管理处
· 深圳市自然保护区管理中心
· 广东省沙头角林场
（广东梧桐山国家森林公园管理处）
· 深圳市红树林湿地保护基金会（MCF）
· 广东深圳华侨城国家湿地公园
· 深圳市华基金生态环保基金会
· 深圳市铭基金公益基金会
· 深圳市桃花源生态保护基金会
· 深圳市一个地球自然基金会
· 深圳市观鸟协会
· 深圳市蓝色海洋环境保护协会
· 深圳市大鹏新区珊瑚保育志愿联合会
· 深圳市蒲公英自然教育促进中心
· 深圳市绿源环保志愿者协会
· 深圳漫野自然教育工作室
· 深圳桐雅文化传播有限公司
· 深圳市村童野径文化传播有限公司
· 深圳市大鹏新区大鹏半岛海洋图书馆
· 深圳你好教育咨询有限公司
· 深圳市方向文化发展有限公司
· 深圳市鸟兽虫木自然保育中心
· 星人公社
· 深圳市福田区生态文明促进会
· 深圳市野生动植物保护协会
· 深圳市兰科植物保护研究中心
· 深圳市仙湖植物园管理处
· 深圳市洪湖公园管理处
· 福田一城大红树林研发中心
（深圳大学生命与海洋科学学院）
· 深圳市林学会（筹）
· 深圳市海上田园旅游发展有限公司
· 广东海洋大学深圳研究院
· 深圳市盐田区图书馆
· 深圳中渔大洲投资控股有限公司
· 深圳市科芙海洋科技有限公司
· 深圳市盐田区海洋生态环保服务中心
· 深圳贝壳红实业有限公司
· 中国水产科学研究院南海水产研究所
深圳试验基地
· 深圳市宝安区沙井蚝文化博物馆
· 深圳市帆船帆板运动协会
· 深圳市南山区南油小学
· 南方科技大学教育集团（南山）
第二实验学校
· 深圳市湖畔文化传播有限公司
· 洛嘉教育（深圳洛嘉文化投资管理有限公司）
· 深圳童伴童游科技有限公司
· 深圳源野志教育科技有限公司

· 深圳市博容能源有限公司
· 深圳市科普教育基地联合会
· 深圳华大海洋科技有限公司
· 深圳市光明星青少年体育俱乐部
· 深圳宸昕科技有限公司
· 深圳市龙岗区龙岭邮票博物馆
· 深圳市软沟通文化发展有限公司
· 肆玖虎兔文创顾问（深圳）有限公司
· 深圳亚迪学校
· 深圳市瀚韵文化创意发展有限公司
· 深圳市前海一方智能科技有限公司
· 深圳市龙华区九如绿色生态促进中心
· 全国自然教育网络
· 深圳市小鸭嘎嘎公益文化促进中心
· 深圳阖一教育科技有限公司
· 深圳市特殊需要儿童早期干预中心
· 深圳市米佳和辰传媒有限公司
· 溪涌自然教育中心
· 金龟自然教育中心
· 深圳市安贝拉文化传播有限公司
· 深圳市芳华传媒有限公司
· 深圳市壹朵朵文化传播有限公司
· 深圳园林股份有限公司
· 深圳市蓝天生态环保志愿者协会
· 营地教育网（北京营天地教育科技有限公司）
· 深圳市郁森林自然教育科普中心
· 深圳市福田区青少年科技协会
· 小泥巴营地
（深圳市旦旦童梦文化发展有限公司）
· 深圳市梦想家科普教育中心
· 深圳市萌驴旅游集团有限公司
· 深圳市时尚生态谷开发有限公司
· 深圳市大鹏新区坝光自然学校
· 深圳优卓教育科技有限公司
· 深圳市福田区公园之友公园管理服务中心
· 深圳市宇你同行文化传播有限公司
· 深圳市林智生态研究中心有限公司
· 深圳市托马斯文化传播有限公司
· 深圳布达拉视觉文化传媒有限公司
· 深圳市深博教育文化有限公司
· 蓝蹼珊瑚生态科技（深圳）有限公司
· 深圳天祥建设工程有限公司
· 深圳市花田盛世农林科技发展有限公司
· 读行天下文化发展（深圳）有限公司
· 树顶漫步文化旅游发展（重庆）有限公司
· 深圳市达达亲旅文化发展有限公司
· 深圳市宝安区世纪琥珀博物馆
· 深圳市太阳花心理健康科技有限公司
· 深圳市福田区梅山小学
· 深圳市莲南小学
· 悦迪生物科技（深圳）有限公司

· 好奇心（深圳）旅行教育服务有限公司
· 绿税人志愿者协会
· 万科公益基金会
· 深圳英辅语言培训中心
（EF 英孚教育青少儿）
· 深圳市鹏城国际象棋俱乐部有限公司
· 深圳市南山区漫时光文化中心
· 深圳市可华文化传媒有限公司
· 广州林芳生态科技有限公司
· 农夫山泉股份有限公司
· 深圳市罗湖区童欣关爱中心
· 深圳市小小地球自然科技有限公司
· 深圳市房地产协会
· 玖阳开泰文化传播发展（深圳）有限公司
· 深圳市盐田区老土乡村生态文化服务社
· 爱加教育咨询（深圳）有限责任公司
· 深圳市罗湖区梧桐山文艺社
· 深圳爱栖自然生态科技有限公司
· 深圳深度放映文化有限公司
· 深圳市南山区御景峰幼儿园
· 悠豆亲子户外服务（深圳）有限公司
· 深圳市学雅教育科技有限公司（学雅研学社）
· 小森林美育
· 深圳新景界户教育有限公司
· 深圳境兰生态景观有限公司
· 深圳市龙岗区坂田小学农创科普基地
· 深圳市福田区华新小学
· 童行者
· 深圳市好事发生文化商业管理有限公司
· 深圳市研学旅行教育服务有限公司
（Discovery 假日营地）
· 牧翊自然
· 深圳市南山区前海小学
· 深圳市知了知道科技有限公司（读行深圳）
· 深圳市罗湖区清源幼儿园
· 深圳市子柚探索自然教育文化传播有限公司
· 阿甘游学旅行社（深圳）有限公司
· 深圳市奥德景观规划设计有限公司
· 大脚户外探索（深圳市超链想文化传播有限公司）
· 爱意（广州）教育科技有限公司
· 奇屿设计事务所（深圳）有限公司
· 中国医学救援协会救援资源保障分会
· 成长沙漏亲子服务平台（深圳市孚豪科技有限公司）
· 深圳市低碳乐活文化传播有限公司
· 深圳市帕客低碳生活促进中心（帕客联盟）
· 华强方特（深圳）动漫有限公司
· 深圳市定向运动协会
· 狼途腾文化发展（深圳）有限公司

深圳山海连城自然教育联盟成员

广东内伶仃福田国家级
自然保护区管理局

深圳市梧桐山
风景区管理处

深圳大鹏半岛
地质公园管理处

广东省沙头角林场
（广东梧桐山国家森林
公园管理处）

深圳市红树林湿地
保护基金会（MCF）

广东深圳华侨城
国家湿地公园

深圳市华基金生态
环保基金会

深圳市铭基金
公益基金会

深圳市桃花源生态
保护基金会

深圳市一个地球
自然基金会

深圳市观鸟协会

深圳市蓝色海洋环境
保护协会

深圳市大鹏新区
珊瑚保育志愿联合会

深圳市蒲公英自然教育
促进中心

深圳市绿源环保
志愿者协会

深圳漫野自然教育
工作室

桐雅种子馆

深圳市村童野径
文化传播有限公司

深圳市大鹏新区
大鹏半岛海洋图书馆

深圳你好教育咨询
有限公司

深圳市方向文化发展有限公司

深圳市鸟兽虫木自然保育中心

星人公社

深圳市福田区生态文明促进会

深圳市野生动植物保护协会

深圳市兰科植物保护研究中心

深圳市仙湖植物园管理处

深圳市湖畔文化传播有限公司

洛嘉教育（深圳洛嘉文化投资管理有限公司）

深圳儿童周末（深圳童伴童游科技有限公司）

深圳源野志教育科技有限公司

深圳市海上田园旅游发展有限公司

广东海洋大学深圳研究院

深圳市盐田区图书馆

深圳中渔大洲投资控股有限公司

深圳市科芙海洋科技有限公司

深圳市盐田区海洋生态环保服务中心

深圳贝壳红实业有限公司

中国水产科学研究院南海水产研究所深圳试验基地

深圳市帆船帆板运动协会

深圳市南山区南油小学

南方科技大学教育集团（南山）第二实验学校

深圳市博容能源有限公司

深圳市科普教育基地联合会

深圳华大海洋科技有限公司

深圳市光明星青少年
俱乐部

深圳市宸昕科技
有限公司

深圳市龙岗区
龙岭邮票博物馆

深圳市软沟通文化发展
有限公司

肆玖虎兔文创顾问
有限公司

深圳市亚迪学校

深圳市瀚韵文化创意
发展有限公司

深圳市龙华区九如绿色
生态促进中心

全国自然教育网络

深圳市小鸭嘎嘎公益
文化促进中心

深圳阖一教育科技
有限公司

深圳市特殊需要儿童
早期干预中心

深圳市米佳和辰传媒
有限公司

溪涌自然教育中心
（青风文化）

金龟自然教育中心
（方向文化）

深圳市安贝拉文化传播
有限公司

深圳市芳华传媒文化
有限公司

深圳市壹朵朵文化传播
有限公司

深圳园林股份有限公司

深圳市蓝天生态环保
志愿者协会

营地教育网（北京营天
地 教育科技有限公司）

深圳市郁森林自然教育
科普中心

深圳市福田区青少年
科技协会

小泥巴营地（深圳市旦旦
童梦文化发展有限公司）

深圳市梦想家
科普教育中心

深圳市萌驴旅游集团有限公司

深圳市时尚生态谷开发有限公司

坝光自然学校

深圳优卓教育科技有限公司

深圳市福田区公园之友公园管理服务中心

深圳市宇你同行文化传播有限公司

深圳市林智生态研究中心有限公司

深圳托马斯文化传播有限公司

深圳布达拉视觉文化传媒有限公司

深圳市深博教育文化有限公司

蓝蹼珊瑚生态科技（深圳）有限公司

深圳市花田盛世农林科技发展有限公司

读行天下文化发展（深圳）有限公司

树顶漫步文化旅游发展（重庆）有限公司

深圳市达达亲旅文化发展有限公司

阿甘游学旅行社（深圳）有限公司

爱意（广州）教育科技有限公司

深圳市奥德景观规划设计有限公司

深圳市好事发生文化商业管理有限公司

中国医学救援协会救援资源保障分会

深圳市宝安区世纪琥珀博物馆

深圳市太阳花心理健康科技有限公司

深圳市福田区梅山小学

深圳市莲南小学

好奇心（深圳）旅行教育服务有限公司

绿税人志愿者协会

绿税人志愿者协会
（前海税务局）

万科公益基金会

深圳市鹏城国际象棋
俱乐部有限公司

深圳市南山区
漫时光文化中心

农夫山泉股份有限公司

深圳市房地产协会

玖阳开泰文化传播发展
（深圳）有限公司

深圳市盐田区老土乡村
生态文化服务社

爱加教育咨询（深圳）
有限公司

悠豆亲子户外服务（深
圳）有限公司

深圳市雅学教育科技
有限公司（学雅研学社）

深圳新景界户外教育
有限公司

奇屿设计事务所（深圳）
有限公司

深圳市南山区
前海小学

深圳市子柚探索自然教
育 文化传播有限公司

深圳市研学旅行教育服
务有限公司（Discovery
假日营地）

深圳市定向运动协会

狼途腾文化发展（深圳）
有限公司

深圳市福田区
华新小学

《自然深圳足迹 1》

编辑委员会

统　　筹：张宇文

主　　编：刘莉娜　宫婷　周莉

编　　辑：刘晓俊　罗静　申澜　张智
林蝉娟　林剑彬　王佐霖　徐安乐

执　　行：梁坚　卓李怡　吴小歉　张洁容
陈艺　陈冰心

视　　觉：梁艳萍　刘梦妍　陈杰聪　陈晓杰